U0056691

就業・開店・興趣　一本引導你進入烘焙世界

★

烘焙師 培訓教科書

黎國雄　主編

瑞昇文化

目錄

PART 05 三明治 99

PART 06 低糖低脂麵包 111

PART 07 特色麵包 134

PART 08 蛋糕 141

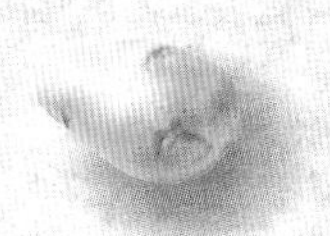

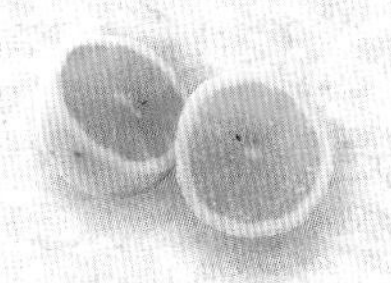

PART 09 餅乾 169

PART 10 西式點心 197

PART 11 中式點心 220

原材料介紹

麵包製作四大基礎材料

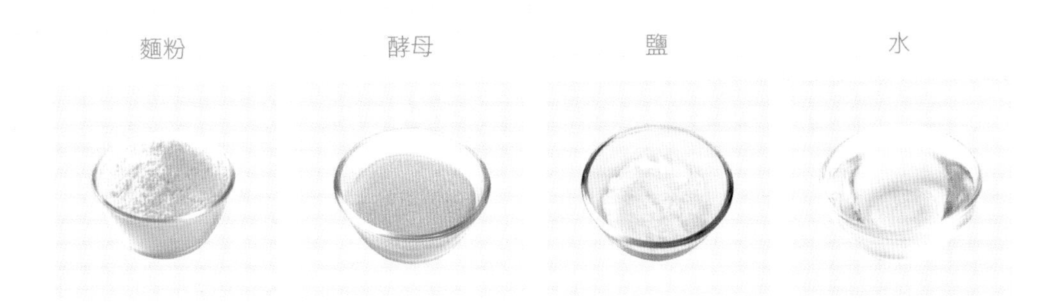

麵粉

麵粉是麵包的主要原料，製作麵粉的小麥含有其他穀物沒有的獨特蛋白質：醇溶蛋白和麥穀蛋白。這兩種蛋白不溶於水，反而還能吸收水分，再加上攪拌揉搓等力量，就會產生麵筋。麵筋會將發酵時產生的二氧化碳封鎖在麵團中，使麵團膨脹，是製作麵包不能缺少的元素。按麵粉中蛋白質的含量，可以把麵粉分為：

	蛋白質含量	主要用途
高筋麵粉	10.5%～13.5%	製作麵包
中筋麵粉	8.0%～10.5%	製作麵條、點心
低筋麵粉	6.5%～8.5%	製作點心、蛋糕

全麥粉是帶有小麥麩皮一同磨粉製成的粉末，相對其他麵粉麵筋強度會較弱，有較細的顆粒感，膳食纖維和維生素含量較高。

酵母

酵母是一種單細胞生物，能在有氧和無氧的環境下生存。酵母能將糖分分解成酒精和二氧化碳，所產生的二氧化碳能夠撐起麵團，形成網狀組織，可以使麵包變得蓬鬆。酵母有乾酵母和鮮酵母之分。

鹽

食鹽

食鹽是很多食物中常見的重要材料。加入適量的鹽可以與細砂糖的甜相互輔助，增加食物的風味。

海鹽

海鹽能更好地保留海水中微量元素，比其他鹽更能激發出食材的原有風味。

水

水在麵包製作過程中是非常重要的食材，用量僅次於麵粉，因此保證麵包品質的關鍵之一就是正確地認識和使用水。

食材介紹

糖類

細砂糖

糖粉

防潮糖粉

蜂蜜

珍珠糖

玉米糖漿

奶油

牛奶

鮮奶油

奶油乳酪

帕瑪森起司粉

優酪乳

馬蘇里拉乳酪

起司片

水乳酪

烘焙奶粉

油脂

大豆油

豬油

橄欖油

巴旦木

夏威夷果

開心果

白芝麻

黑芝麻
核桃
南瓜子仁
杏仁片
栗子
玉米粒
小米
果乾
葡萄乾
蔓越莓
橙皮丁
凍乾草莓粒
肉類
燻雞肉
去殼蝦仁
蟹柳
鱈魚罐頭
熱狗
牛肉粒

火腿片

培根

酒類

蘭姆酒

蜜桃酒

醬料

波隆那多肉醬

大蒜醬

沙拉醬

青芥沙拉醬

番茄醬

苦甜巧克力

牛奶巧克力

巧克力脆珠

可可粉

咖啡粉

杏仁粉

香草精

黑胡椒粒

海苔粉

伯爵紅茶葉

椰蓉

冬瓜糖

迷迭香

咖哩塊

橙汁

紅絲絨精

白醋

鹹蛋黃

蜂蜜柚子醬

桂花酒釀

孜然

香蘭葉粉

泡菜

栗子泥
烘焙鹼
玉米澱粉
澄粉
木薯澱粉
糯米粉
糕粉
泡打粉
胡蘿蔔
馬鈴薯
萵苣
紅薯
南瓜
芋頭
洋蔥
紫薯
小番茄
黃瓜
綠花椰菜

雞蛋

去皮綠豆

紅豆沙

果醬

草莓果醬

芒果果醬

設備與工具介紹

設備

烤箱

烤箱通常可以分別進行上火和下火的溫度設定，同時可在烘烤過程中根據不同的需求注入蒸氣。此外，烤箱上還帶有換氣口，在烘烤過程中可將烤箱中的蒸氣及時排出，對烤箱內部的空氣進行適度的調整。

發酵箱

發酵箱是一種在麵團發酵時能夠進行溫度和相對濕度設定的發酵機器。

冰箱

冰箱分有冷藏和冷凍區域，冷藏用於水果保鮮，以及麵種的低溫發酵。冷凍用於保存肉類，以及各種食物定型。

攪拌機

一種小型攪拌機。通常配置有三個攪拌頭，以攪拌食材的軟硬度來替換。彎鉤形適合麵團的硬度，扇形適合餅乾麵糊的硬度，球形適合蛋白的硬度。

電磁爐

用於加熱物體，方便調節溫度。

微波爐

家庭常用設備，加熱速度較快。可用於融化巧克力、奶油等。

工具

玻璃容器

玻璃製品，圓弧形底部，混合材料時不會有死角，方便攪拌且易清洗。

長柄刮刀

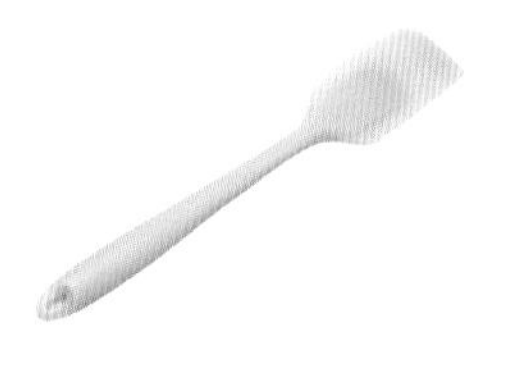

耐高溫矽膠製品，彈性較好，適用於攪拌混合材料。

麵包刮板

一般用於麵團分割或整型時印壓圖形。

油紙

可避免製品與烤盤底部黏連，使用後可方便取出製品。

發酵布

用於麵團發酵，定型。

高溫布

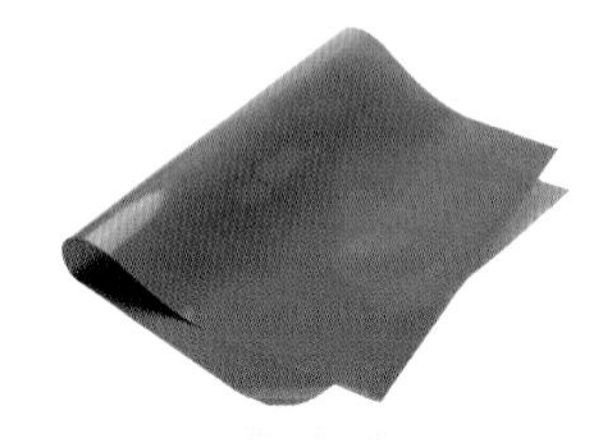

可避免製品與烤箱、大理石黏連，清洗乾淨可多次使用。

篩網

用於粉類、液體類過濾，避免材料結塊，有雜質等。

打蛋器

用於材料混合，攪拌液體等。

手持打蛋器

用於打發雞蛋、奶油等。

羊毛刷

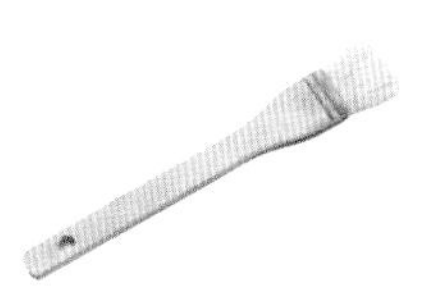

用於模具塗抹奶油或麵團發酵後塗抹蛋液。

冷却架

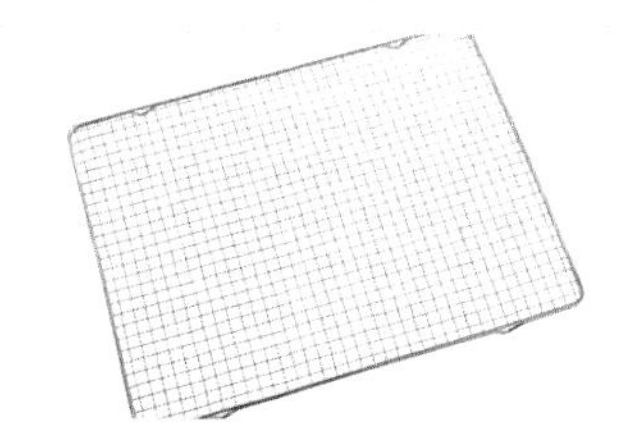

用於烤後的製品冷卻。

電子秤

食材需要電子秤精準稱出所需的量。一般選擇可以精確至0.1克的秤。

法棍劃刀

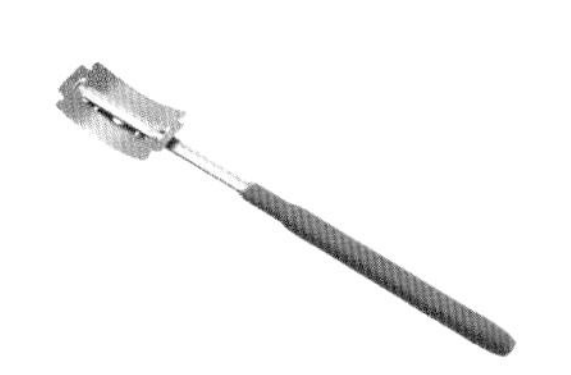

用於麵團表面的紋路造型。

剪刀

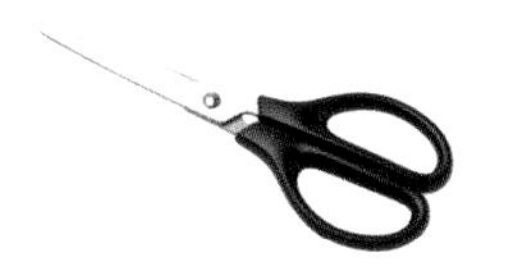

用於麵團表面造型，或擠花袋剪口等。

保鮮膜

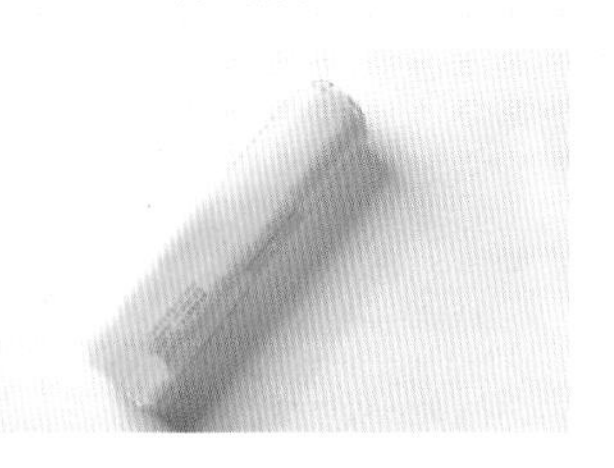

用於食材保鮮，保濕等，麵團醒發時也會使用到。

擀面棍

能夠將麵團擀成想要的厚度、大小。

噴水壺

用於麵團保濕等。

擠花袋

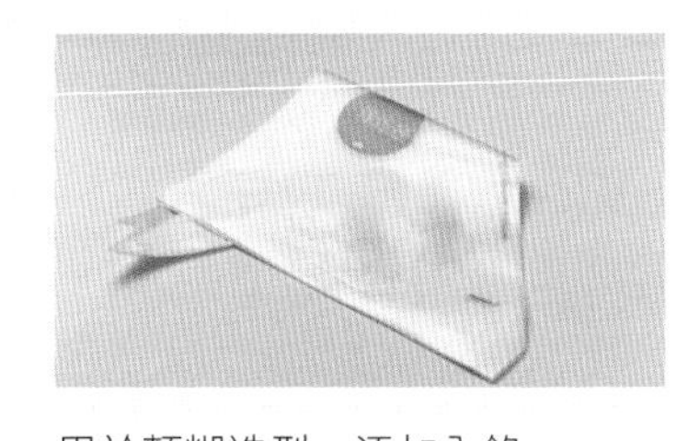

用於麵糊造型，添加內餡。

擠花嘴

不一樣的孔眼，擠出來的餡料紋路也不同。

探針溫度計

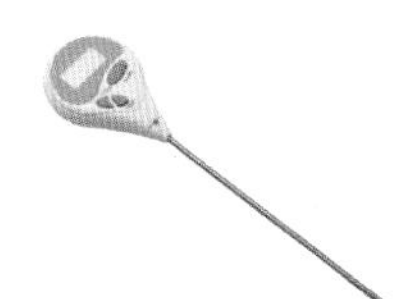

測量麵團溫度、油溫時使用。

正方形吐司模具

250克吐司模具，用於製作吐司等。

長方形吐司模具

450克吐司模具，用於製作吐司等。

烤盤

依照出品數量、大小，挑選不黏烤盤。麵團發酵、烘烤時使用。

咕咕霍夫模具

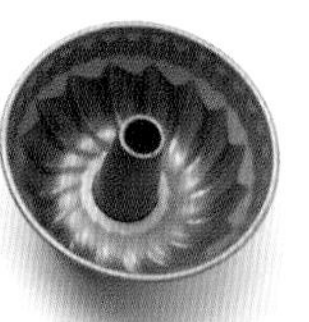

單個麵包模具，用於製作咕咕霍夫麵包。

網格高溫墊

可避免製品與烤盤黏連，底部有密集孔眼，製品更加美觀。

鋼尺

用於衡量製品長短。

發酵盒

用於含水量較大的麵團發酵。

水果刀

切割水果、果乾、蔬菜瓜果等使用。

鋸齒刀

因波浪形刀口，比較適合切割烘烤好的麵包，並造型。

U形模具

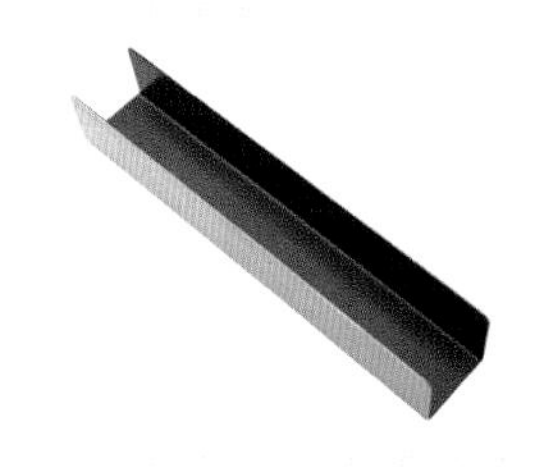

用於麵團定型，本書中用於蔓越莓餅乾定型。

木質麵包模具

用於麵包烘烤時定型。

奶鍋

可避免麵糊等食材煮製時沾鍋，不容易糊。

均質機

用於攪拌食材等，可將食材攪拌至細膩順滑。

費南雪模具

用於製作費南雪蛋糕，形狀類似金磚。

瑪德琳模具

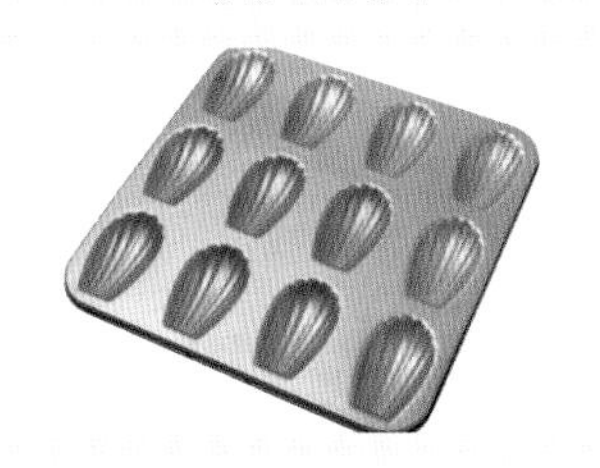

用於製作瑪德琳蛋糕，形狀類似貝殼。

月餅模具

內部可以更換花紋，本書中用於製作綠豆糕。

塔皮模具

4寸大的鏤空圈模，用於製作塔類食物。

鋼圈模具

用於按壓出適當大小的圓形。

麵包製作流程

1. 攪拌：攪拌是指將製作麵包的食材放入攪拌機中，利用攪拌機旋轉手臂的轉動，將食材攪拌在一起，製作出麵團的過程。可根據麵團的攪拌情況分為以下4個階段。

第一階段：食材混合階段

將所有食材（油脂、食鹽、果脯堅果類除外）放入攪拌桶中，以慢速攪拌，讓所有材料與水（各種液體材料）能均勻混合。此時的麵團濕黏，外表糊化。油脂類須等其他材料攪拌均勻，麵筋的網狀結構建立後才能放入，否則油脂會阻礙麵筋的形成。

第二階段：麵團捲起階段

攪拌轉為中速，讓麵團材料完全混合，麵團呈膠黏狀，此時麵筋已經形成，水分被麵粉均勻吸收，麵團看起來仍濕黏且表面不光滑，手指觸碰不怎麼黏手，麵團無伸展性，拉扯容易斷裂。

第三階段：麵筋擴展階段

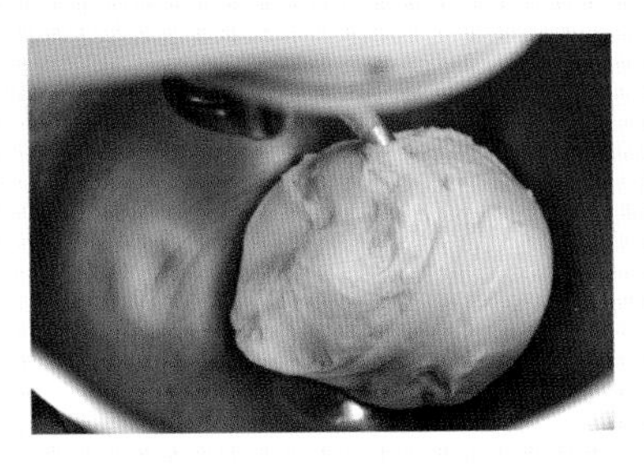 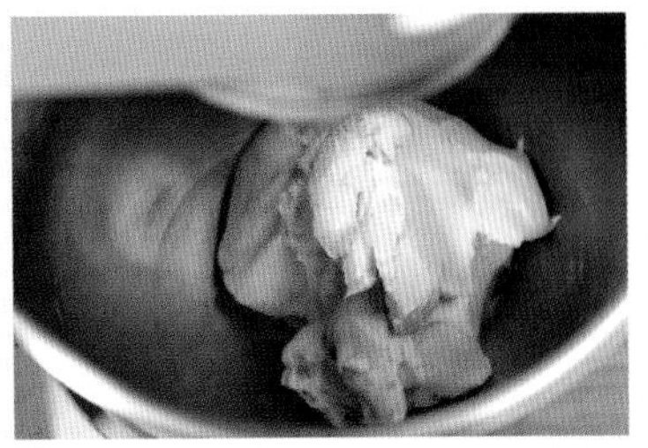

轉為慢速，加入食材中的油脂，直到油脂完全融合。

第四階段：攪拌完成階段

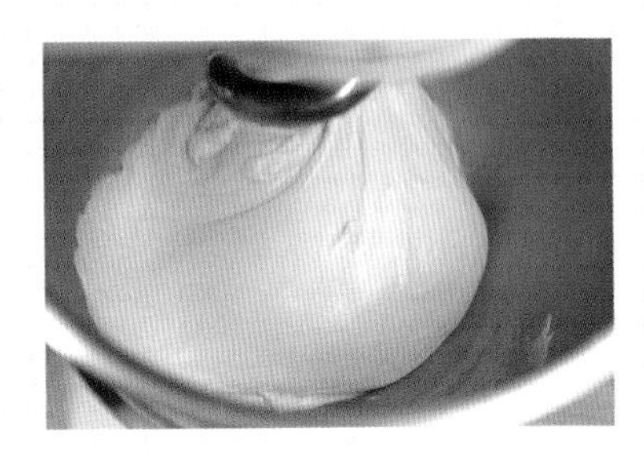 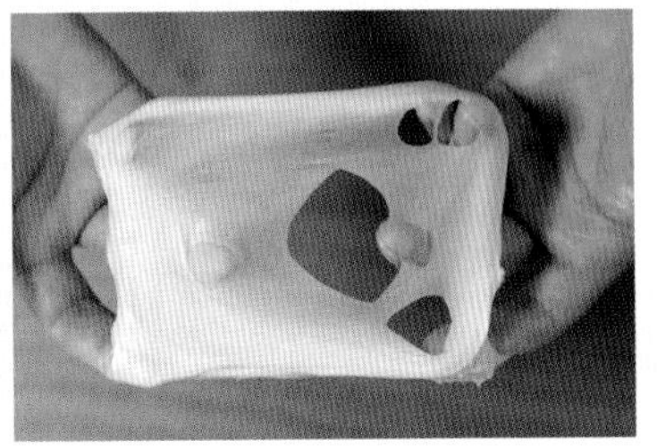

快速攪拌，麵團具有良好的彈性及延展性，麵團柔軟，表面出現輕微的黏性。麵團在攪拌鉤轉動時會有黏附在盆壁的感覺，但麵團會隨攪拌鉤帶動離開並不會留在盆壁（此階段可加入果脯、堅果等風味食材）。此時須停止攪拌，否則會攪拌過度。

2. 醒發：醒發是指攪拌之後形成的麵團鬆弛、膨脹的過程。在這個過程中，需要將麵團放置於適宜的溫度下開始發酵，使酵母變得活躍。醒發過程中酵母生成二氧化碳、酒精、有機酸等化合物，這些物質能為麵包增添不同的風味，使麵包更加美味。

3. 分割、滾圓：分割是指將醒發後的麵團按照需求分割成小麵團的步驟。滾圓是指將分割好的麵團揉成球形。球形在最後整型時的通用性比較高，可以輕鬆變成各種形狀。

4. 再次醒發：再次醒發是指將滾圓後的麵團靜置，使其恢復自身的柔軟性和延展性。

5. 整型：整型是指將醒發後的麵團揉成各種形狀的過程。本書中所用形狀有球形、橄欖形、圓柱形、捲狀、棒狀等。

6. 最後發酵：最後發酵是指整型後的麵團最後發酵的過程。最後發酵尤為重要，如果最後發酵不充分，麵團在烘烤過程中就不會膨脹成所需形狀。發酵過度又會使麵團失去原有形狀，變得不美觀。

7. 烤前裝飾：烤前裝飾是指麵團放入烤箱之前進行裝飾的過程。為使烘烤出來的麵團具有一定的光澤，更具美味，可以在麵包表面適量塗抹蛋液，放上可烘烤的食材進行搭配。

8. 烘烤：烘烤是指將麵團放入烤箱中，將其烤製成麵包的過程。根據麵團重量、形狀、麵團種類等不同條件，須做出改變。

9. 出爐：出爐是指將烘烤好的麵包從烤箱中取出的過程。烤好的麵包一定要儘快從烤箱取出，放於冷卻架上。如果長時間放置於烤盤上，麵包底部會有蒸氣積聚，使麵包變得飽脹，變濕。出爐之後一定要輕震烤盤，讓麵包與模具或烤盤脱離。

10. 冷卻：冷卻是指將烤好的麵包移至冷卻架上，讓麵包在常溫下自然散熱。常溫冷卻的時間，小麵包為20分鐘，大麵包為1小時左右。

蛋糕攪拌流程

蛋白的攪拌程度

第一階段 材料混合 ＞ 第二階段 濕性發泡 ＞ 第三階段 中性發泡 ＞ 第四階段 乾性發泡

蛋糕攪拌工藝流程

1. 戚風蛋糕操作示意圖

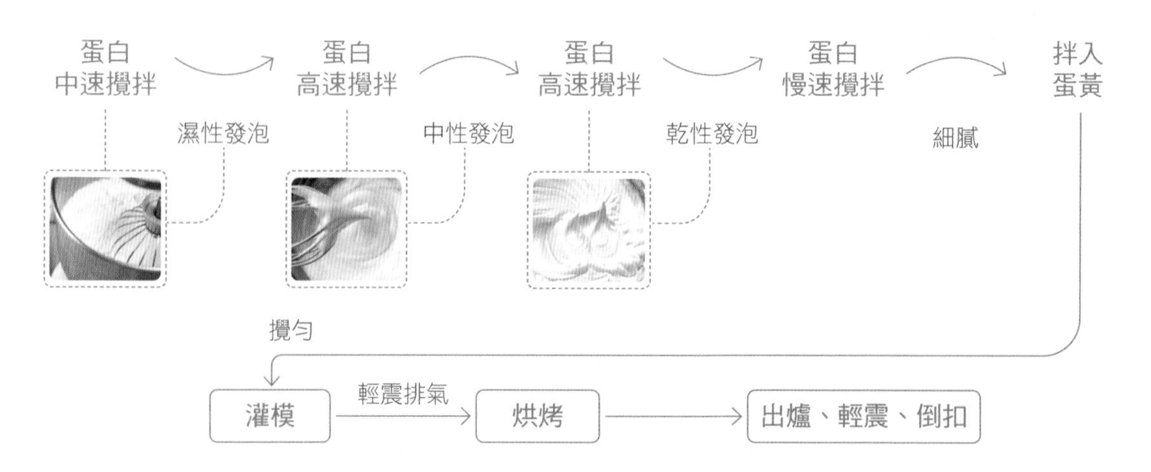

戚風蛋糕 〉 戚風蛋糕的攪拌方法是將蛋白和蛋黃分開攪拌，先把蛋白攪拌至蓬鬆柔軟，再拌入蛋黃麵糊，這種蛋糕稱為戚風蛋糕。通常用於製作清蛋糕、蛋捲、模具蛋糕等。戚風蛋糕雞蛋香味濃郁，油脂香味突出，吃後有回味，結構綿密有彈性，組織細密緊韌。

2. 海綿蛋糕 海綿蛋糕的攪拌方法相對戚風比較方便、快捷。通常用於製作慕斯蛋糕、蛋捲、杯子蛋糕等。海綿蛋糕的結構比較綿軟有韌性，油脂味也比較輕。

3. 重奶油蛋糕 重奶油蛋糕利用配方中固體油脂在攪拌時注入空氣，整型後的麵糊在烤箱內受熱膨脹成蛋糕，用油量可達100%，因此稱為重奶油蛋糕，又稱奶油蛋糕。通常用於製作翻糖蛋糕體、杯子蛋糕、旅行蛋糕等。重奶油蛋糕油香濃郁，口感深厚有回味，結構相對緊密，有一定的彈性。

麵團攪拌流程

1. 直接發酵麵團的步驟示意圖

直接發酵麵團 〉 是指將製作麵包的全部食材一次性放入攪拌機中攪拌，並且一次性將麵團攪拌完成的方法。可以有效縮短製作麵包所需時間。比較容易控制麵包的口味和造型。

2. 中種發酵麵團的步驟示意圖

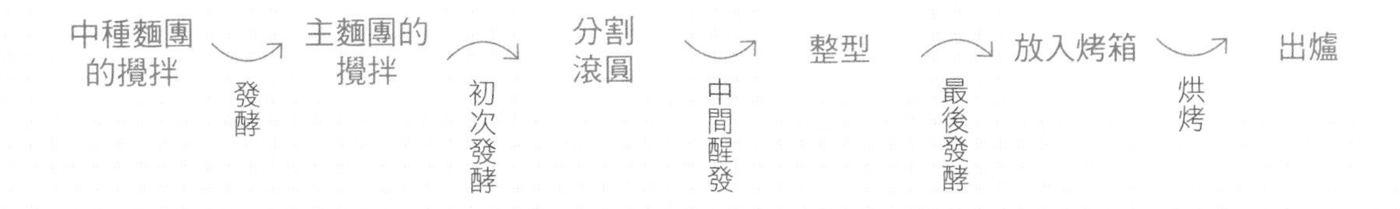

中種發酵麵團 〉 是從總粉量中取少量麵粉等食材提前一天攪拌成團，低溫發酵 6 小時以上形成風味，再混入主麵團中攪拌的方法。這種做法能延緩麵包的老化速度，麵團造型能力更強。由於中種發酵時間長，麵團具有更強的酸味與獨特風味。

中種麵團製作示意圖：

3. 液種發酵麵團的步驟示意圖

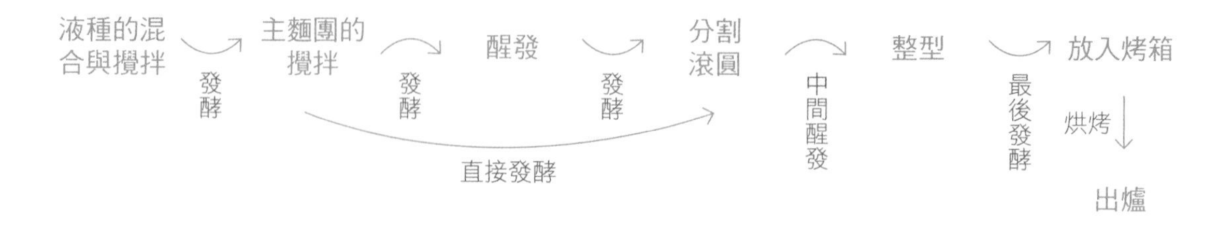

液種發酵麵團 〉 從總粉量中取少量的麵粉與水按照 1:1 的比例攪拌在一起，然後加入少量的酵母和食鹽混合成糊狀麵團，低溫發酵 12 小時以上形成風味。

液種麵團製作示意圖：

01 PART 軟質麵包

曲奇麵包

掃碼觀看製作視頻

製作數量：15個。

產品介紹：曲奇原是一種高糖、高油脂的食品，原名意為細小的蛋糕，最初由伊朗人發明，後在歐美節日慶祝時作為禮物以表示心意和尊敬，口感獨特。

材料

曲奇醬
- 奶油……75克
- 細砂糖……75克
- 蛋黃……25克
- 蛋白……35克
- 香草精……適量
- 低筋麵粉……75克

中種麵團
- 高筋麵粉……210克
- 細砂糖……15克
- 乾酵母……2克
- 水……120克

表面裝飾
- 珍珠糖……適量

主麵團
- 高筋麵粉……60克
- 低筋麵粉……30克
- 細砂糖……60克
- 奶粉……6克
- 煉乳……15克
- 蛋黃……15克
- 雞蛋……36克
- 水……10克
- 乾酵母……1克
- 中種麵團……347克
- 食鹽……4.5克
- 奶油……30克

* 須提前製作好中種麵團，並冷藏發酵6小時。

第一步：製作曲奇醬

1 將所有食材稱好備用。
2 將奶油、細砂糖加入容器中攪拌均勻，加入蛋黃、蛋白、香草精拌勻。
3 加入過篩後的低筋麵粉拌勻，裝入擠花袋備用。

1

2

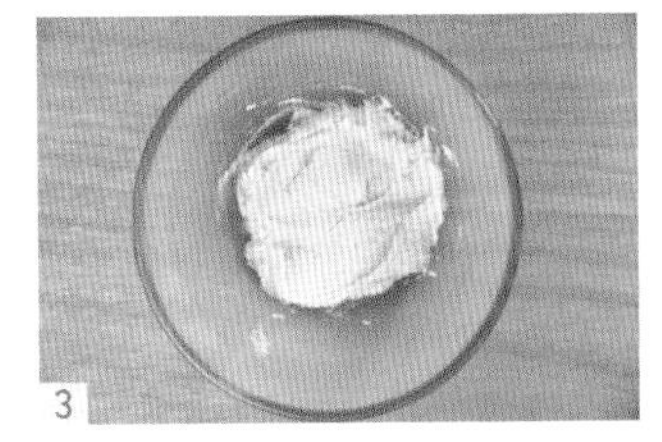
3

第二步：攪拌

4 除食鹽、奶油外，所有主麵團食材倒入攪拌桶中攪拌至厚膜，加入食鹽、奶油攪拌至完全擴展。

（具體可參考中種麵團攪拌流程製作。）

第三步：初次醒發

5 取出麵團稍作滾圓，蓋上保鮮膜室溫醒發20分鐘。

第四步：分割，滾圓

6 醒發後分割成35克/個，滾圓，蓋上保鮮膜繼續醒發15分鐘。

（麵團分割時可使用適量的麵粉或者油脂來防止黏手。）

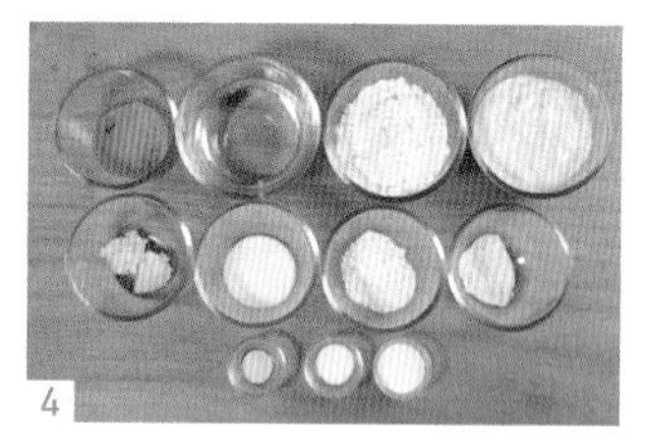
4

5

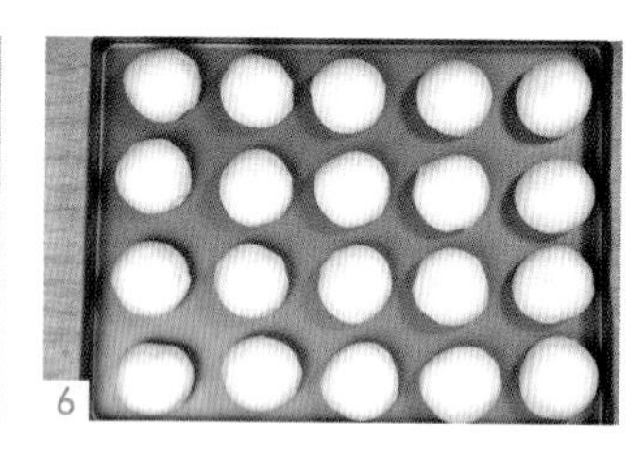
6

第五步：整型

7 取出，放置於桌面上，用擀麵棍擀開，捲成較短的圓柱形。2個為1組，並排放置於模具中。

第六步：最後發酵

8 放入發酵箱發酵至2倍大，發酵溫度34℃，相對濕度78%，時間約60分鐘。

第七步：烤前裝飾

9 表面均勻擠上曲奇醬，撒上適量的珍珠糖。

第八步：烘烤

10 放入烤箱，以上火200℃、下火175℃，烘烤約12分鐘，烤至金黃色，取出輕震。

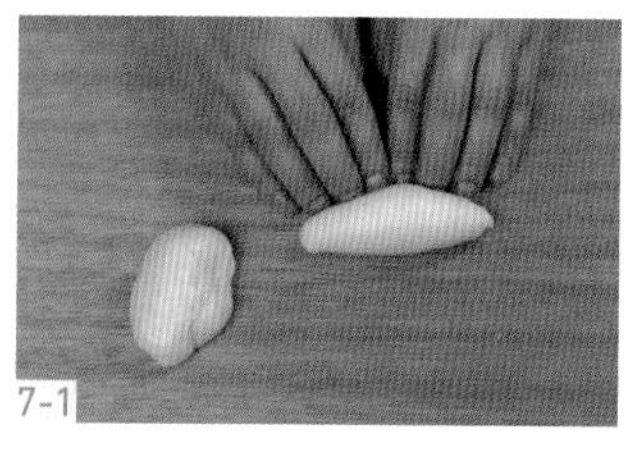
7-1

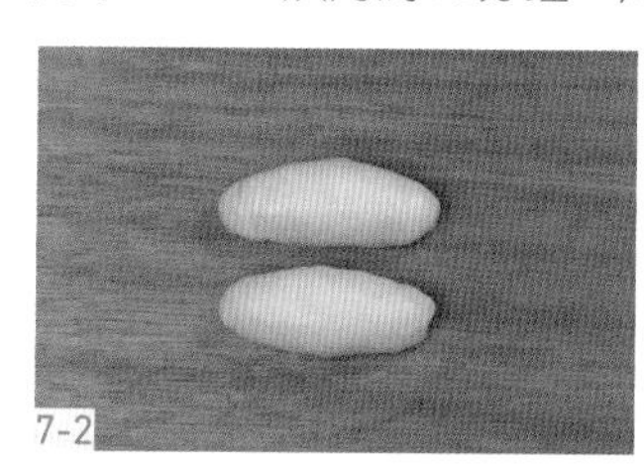
7-2

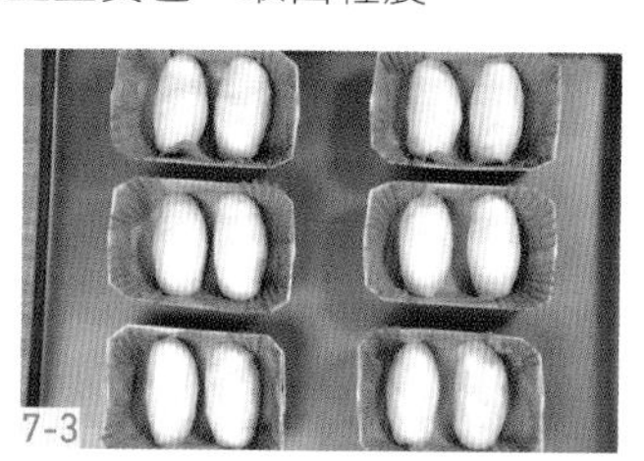
7-3

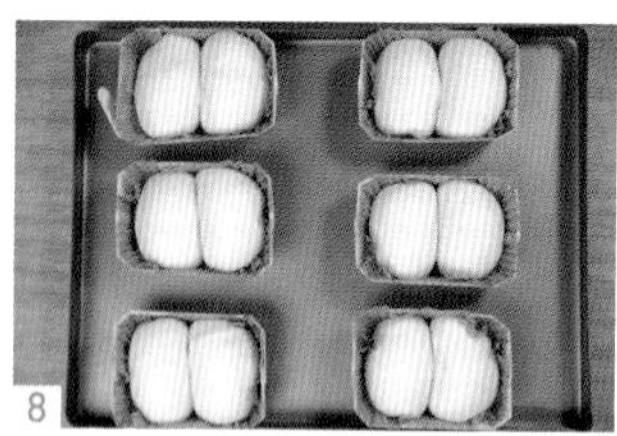
8

9

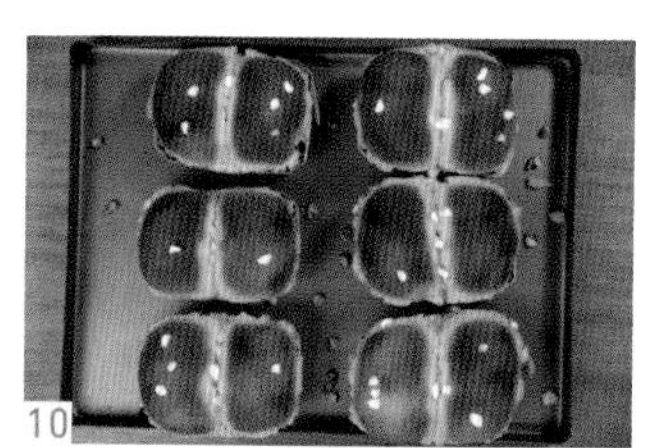
10

紅薯麵包

製作數量：15個。

產品介紹：紅薯麵包外型呈現淺淺的金黃色，綿軟的薯泥香甜誘人，撕開麵包，組織香軟，蓬鬆細膩，讓人一口就愛上它。

材料

紅薯泥

熟紅薯............200克
細砂糖..............15克
奶粉..................30克

奶酥

奶油..................50克
細砂糖..............50克
低筋麵粉.........100克
香草精.............. 適量
檸檬屑.............. 適量

焦糖醬

細砂糖..............60克
水.....................10克
鮮奶油..............60克

中種麵團

高筋麵粉.........210克
細砂糖..............15克
乾酵母................3克
水..................120克

主麵團

高筋麵粉...........60克
低筋麵粉...........30克
細砂糖..............60克
奶粉....................6克
乾酵母................1克
中種麵團.........347克
煉乳..................15克
蛋黃..................15克
雞蛋..................36克
水.....................10克
食鹽.................4.5克
奶油..................30克

★須提前製作好中種麵團，並冷藏發酵6小時。

第一步：製作紅薯泥

1　紅薯蒸熟，倒入細砂糖、奶粉混合均勻備用。

第二步：製作奶酥

2　將所有奶酥食材混合，用手揉搓成較小的顆粒，備用。

第三步：製作焦糖醬

3　細砂糖、水倒入奶鍋中加熱至焦糖色。

4　加入熱鮮奶油，混勻後冷卻裝袋備用。

第四步：攪拌

5　除食鹽、奶油外，所有主麵團食材倒入攪拌桶中攪拌至厚膜，加入食鹽、奶油攪拌至完全擴展。

（具體可參考中種麵團攪拌流程製作。）

第五步：初次醒發

6　取出，稍作滾圓，蓋上保鮮膜室溫醒發20分鐘。

第六步：分割，滾圓

7　醒發後分割成60克/個，滾圓，蓋上保鮮膜繼續醒發15分鐘。

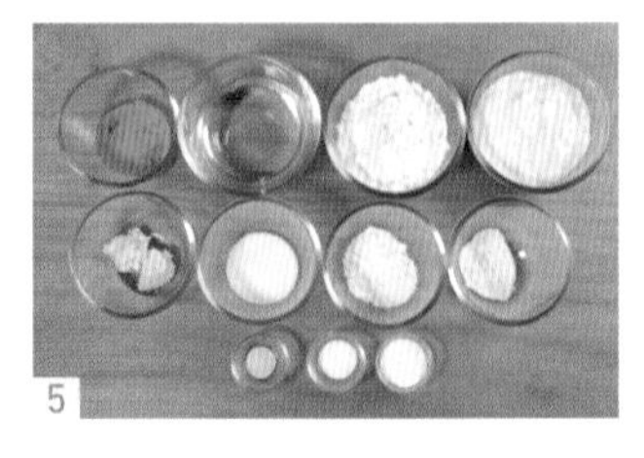

第七步：整型

8 取出，放置於桌面上，用手輕拍排氣，用擀麵棍將其擀開，粗糙面朝上。

9 將紅薯餡均勻塗抹在麵團表面，頂部放1片起司片，將其捲成圓柱形。

10 用刀將其平均分成3份，切口朝上，並排放在麵包底托上，移至烤盤。

第八步：最後發酵

11 放入發酵箱，發酵溫度34℃，相對濕度78%，發酵約60分鐘，至1.5倍大。

第九步：烤前裝飾

12 取出，表面刷上蛋液，均勻撒上奶酥粒，擠上適量的焦糖醬。

（塗抹蛋液時動作輕盈，避免破壞麵團組織，導致麵團起氣泡。）

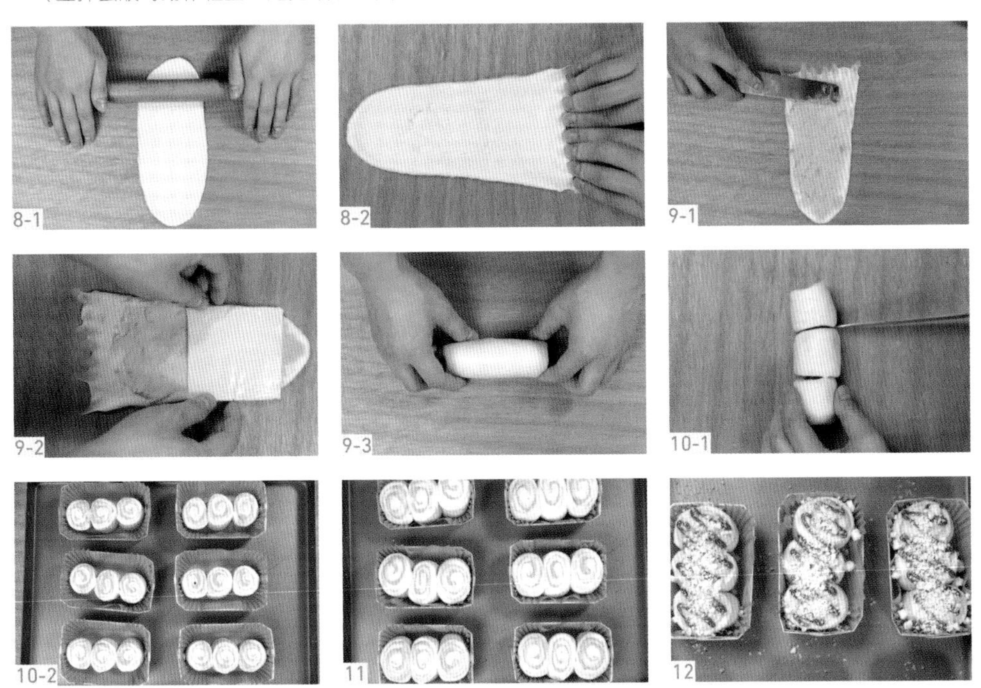
8-1 8-2 9-1 9-2 9-3 10-1 10-2 11 12

第十步：烘烤

13 放入烤箱，以上火200℃、下火175℃，烘烤約13分鐘至金黃色，取出輕震。

13

蔓越莓曲奇麵包

製作數量：15個。

產品介紹：蔓越莓乾口感酸甜，麵包體細膩柔軟，富含水分，吃起來香濃可口。

酒漬蔓越莓

蔓越莓乾..........50克
蘭姆酒................5克

中種麵團

高筋麵粉........210克
細砂糖..............15克
乾酵母................3克
水..................120克

蔓越莓曲奇醬

奶油..................75克
細砂糖..............75克
蛋黃..................25克
蛋白..................35克
香草精.............. 適量
低筋麵粉..........75克
酒漬蔓越莓.......50克

主麵團

高筋麵粉.........60克
低筋麵粉.........30克
細砂糖.............60克
奶粉....................6克
煉乳..................15克
蛋黃..................15克
雞蛋..................36克
水......................10克
乾酵母.................1克
中種麵團........347克
食鹽.................4.5克
奶油..................30克

★須提前製作好中種麵團，並冷藏發酵6小時。

第一步：準備工作

1 將所有蔓越莓曲奇醬食材稱好備用。
（蔓越莓乾提前浸泡溫水3小時，過篩瀝乾水分，加入蘭姆酒密封冷藏6小時。）

1-1

1-2

第二步：製作蔓越莓曲奇醬

2 將奶油、細砂糖攪拌均勻，加入蛋黃、蛋白、香草精攪拌均勻。
3 加入過篩後的低筋麵粉拌勻。
4 加入酒漬蔓越莓拌勻，裝入擠花袋備用。

2

3

4

第三步：製作麵團，攪拌

5 除食鹽、奶油外，所有主麵團食材倒入攪拌桶中攪拌至成團，加入食鹽、奶油攪拌至完全擴展。

（具體可參考中種麵團攪拌流程製作。）

第四步：初次醒發

6 取出，稍作滾圓，蓋上保鮮膜室溫醒發20分鐘。

第五步：分割，滾圓

7 醒發後分割成35克/個，滾圓，蓋上保鮮膜繼續醒發15分鐘。

（麵團分割時可使用適量的麵粉或者油脂來防止黏手。）

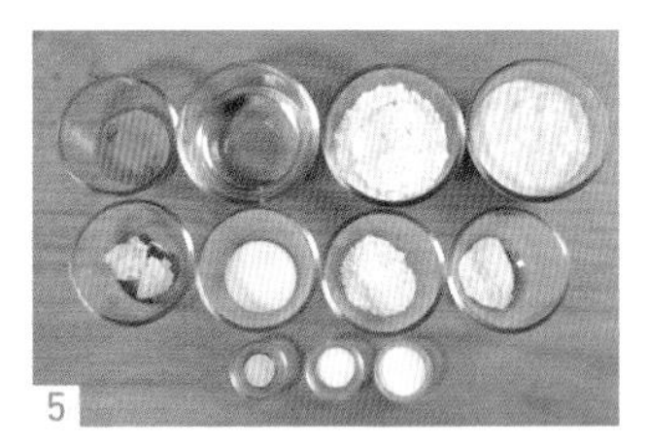
5

6

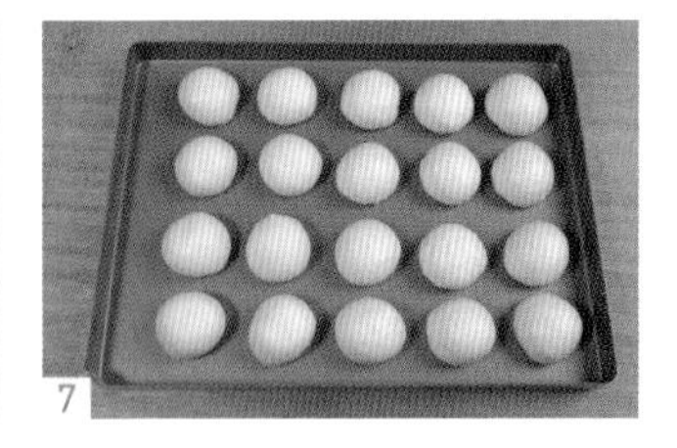
7

第六步：整型

8 取出，放置於桌面上，用擀麵棍擀開，捲成較短的圓柱形。2個為1組，並排放置於模具中。

第七步：最後發酵

9 放入發酵箱發酵至2倍大，發酵溫度34℃，相對濕度78%，時間約60分鐘。

第八步：烤前裝飾

10 表面均勻擠上蔓越莓曲奇醬。

第九步：烘烤

11 放入烤箱，以上火200℃、下火180℃，烘烤約12分鐘，烤至金黃色。取出輕震。

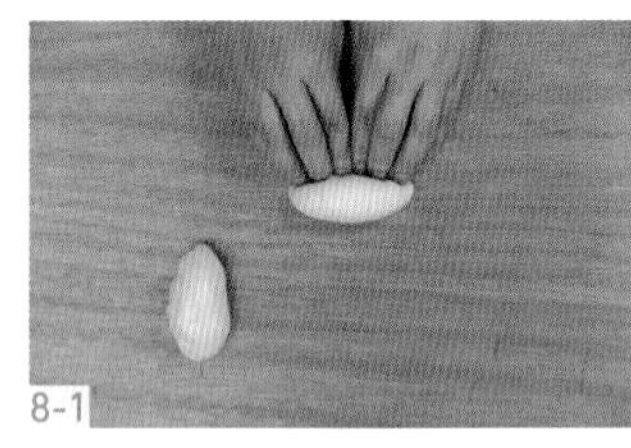
8-1

8-2

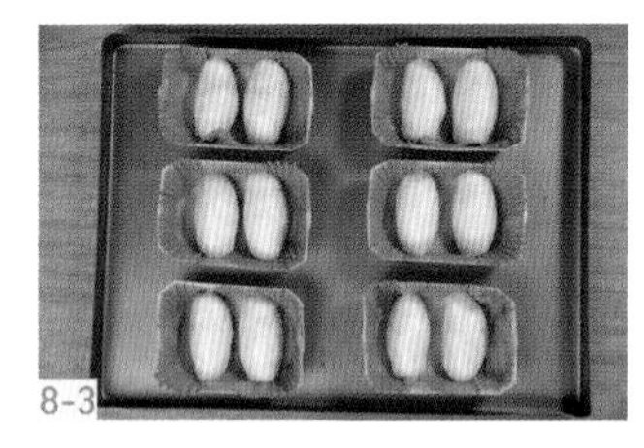
8-3

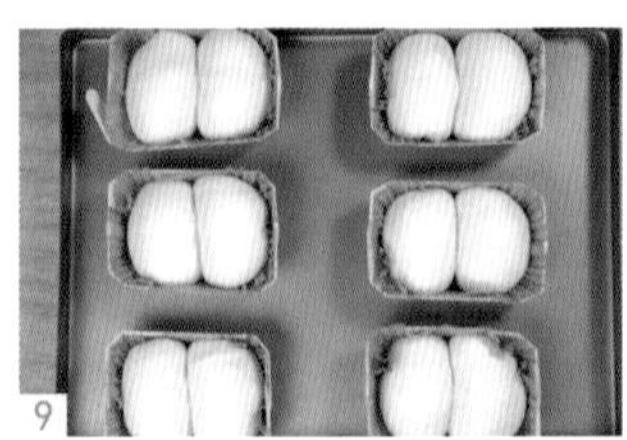
9

10

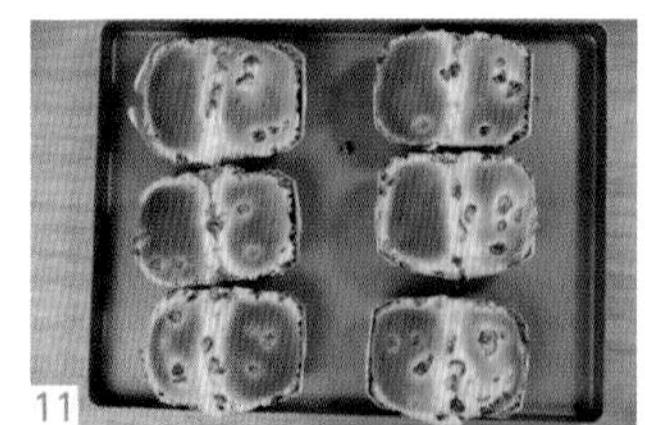
11

巧克力
卡士達麵包

製作數量：15個。

產品介紹：卡士達麵包是經典點心，香甜鬆軟，可以添加不同口味製作，可謂色、香、味、形俱佳，受人喜愛。

掃碼觀看製作視頻

材料

蜂蜜焦糖醬

材料	用量
細砂糖	70克
蜂蜜	30克
牛奶	80克

巧克力卡士達餡

材料	用量
水	100克
牛奶	100克
奶油	23克
細砂糖	30克
低筋麵粉	10克
玉米澱粉	13克
雞蛋	45克
可可粉	6克
純脂巧克力	20克

表面裝飾

材料	用量
雞蛋液	適量
杏仁片	適量
蜂蜜焦糖醬	適量

中種麵團

材料	用量
高筋麵粉	210克
細砂糖	15克
乾酵母	3克
水	120克

主麵團

材料	用量
高筋麵粉	60克
低筋麵粉	30克
中種麵團	348克
乾酵母	1克
細砂糖	60克
奶粉	6克
煉乳	15克
蛋黃	15克
雞蛋	36克
冰水	10克
食鹽	4.5克
奶油	30克

＊須提前製作好中種麵團，並冷藏發酵6小時。

第一步：製作蜂蜜焦糖醬

1　將細砂糖、蜂蜜倒入奶鍋中煮至焦糖色，加入溫牛奶拌勻，冷卻後裝入擠花袋備用。
（牛奶溫度過低時，加入容易結塊，提前將牛奶煮開再倒入。）

1-1

1-2

第二步：製作巧克力卡士達餡

2　將雞蛋、細砂糖、玉米澱粉、低筋麵粉和可可粉放入容器中攪拌至無乾粉狀。

3　將水、牛奶、奶油放入奶鍋中煮至沸騰。

4　倒入步驟2材料中拌勻，拌勻後倒回奶鍋中小火煮至黏稠。

5　倒入純脂巧克力拌勻，放入冰箱冷藏備用。

第三步：攪拌

6　除食鹽、奶油外，所有主麵團食材倒入攪拌桶中攪拌至厚膜，加入食鹽、奶油攪拌至完全擴展。
（具體可參考中種麵團攪拌流程製作。）

第四步：初次醒發

7　取出，稍作滾圓，蓋上保鮮膜室溫醒發20分鐘。

2

3

4

5

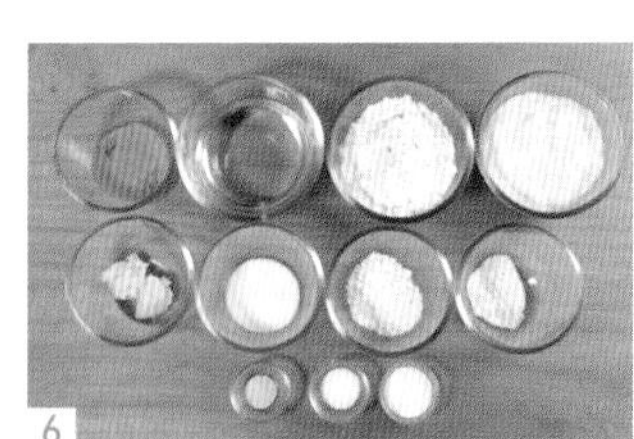
6

7

第五步：分割，滾圓

8 醒發後分割成60克/個，滾圓，再次醒發15分鐘。

第六步：整型

9 取出麵團，放置於桌面上。用手掌輕拍排氣，粗糙面朝上，放入適量巧克力卡士達餡，將其包裹成球形，底部黏合，放置於烤盤上。

（餡料要儘量放在麵團中間位置。麵團邊緣不要黏到餡料，避免黏不住。如果黏合部分沒有捏合好，發酵後很容易裂開。）

8

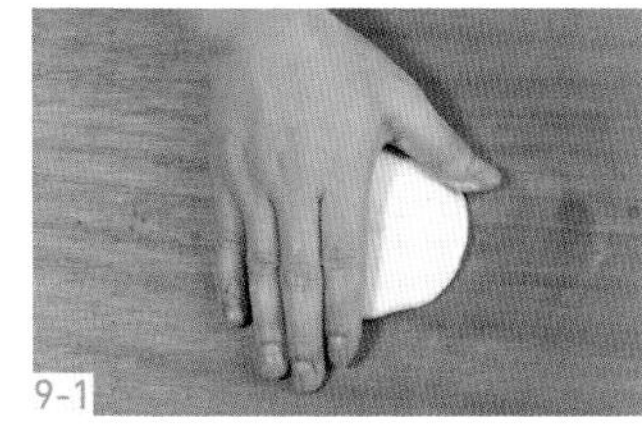
9-1

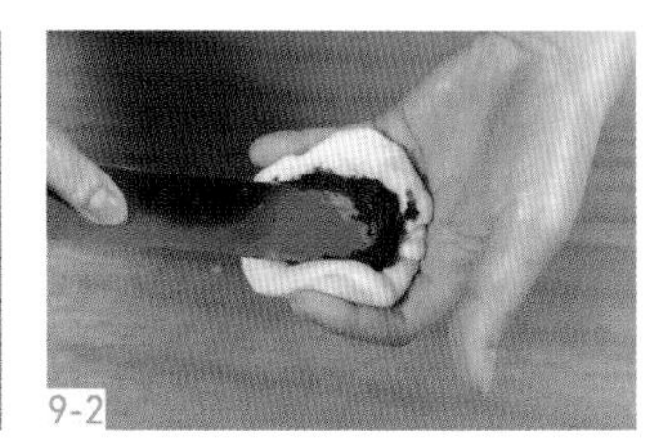
9-2

9-3

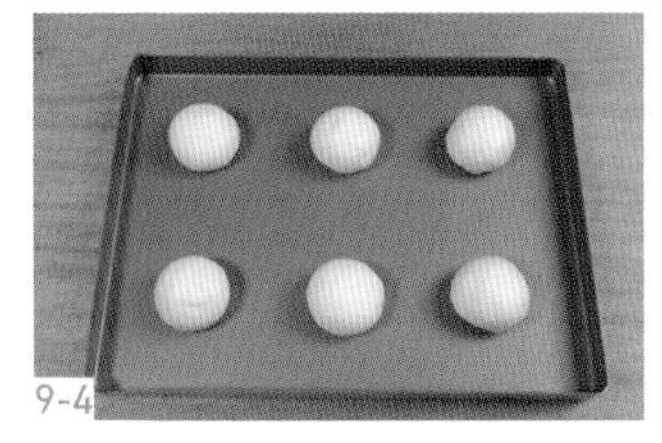
9-4

第七步：最後發酵

10 放入發酵箱，發酵溫度34℃，相對濕度60%，發酵約60分鐘，至1.5倍大。

第八步：烤前裝飾

11 取出，在表面塗抹蛋液，撒上杏仁片。用剪刀在麵團表面剪一個十字口，再擠上適量的蜂蜜焦糖醬。

12 放入烤箱，以上火200℃、下火180℃，烘烤約12分鐘至金黃色。取出，輕震排氣。

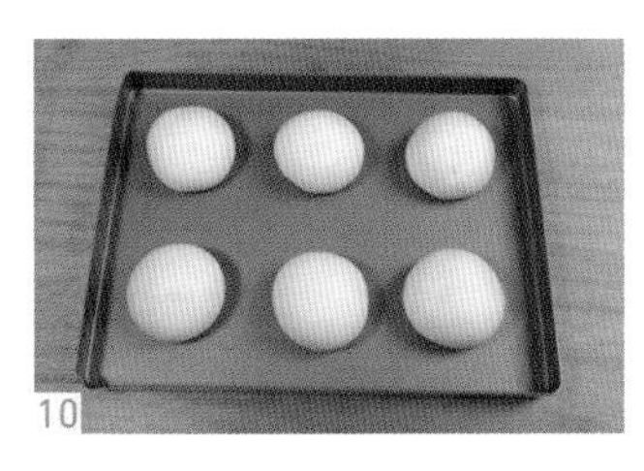
10

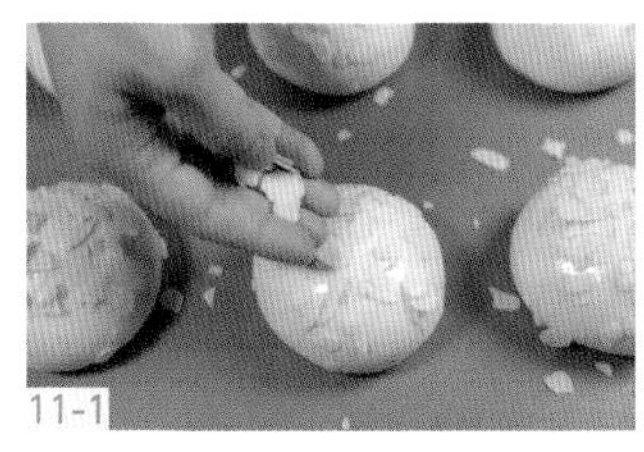
11-1

11-2

11-3

12

哈密瓜麵包

製作數量：15個。

產品介紹：哈密瓜麵包外型比較像哈密瓜，紋路比較細緻，表層麵皮酥脆，掰開可以看到麵包體有空洞，吃起來鬆軟綿密，結合了香、酥、脆3種口感。

哈密瓜皮

低筋麵粉……110克
杏仁粉……25克
奶油……62克
糖粉……75克
雞蛋……37克
香草精……適量
檸檬皮屑……2克

中種麵團

高筋麵粉……210克
細砂糖……15克
乾酵母……2克
水……145克

主麵團

高筋麵粉……70克
低筋麵粉……20克
細砂糖……40克
奶粉……6克
雞蛋……40克
鮮奶油……15克
冰水……33克
乾酵母……1克
中種麵團……370克
奶油……45克
食鹽……4克
檸檬皮屑……3克

表面裝飾

哈密瓜皮……適量
細砂糖……適量

＊須提前製作好中種麵團，並冷藏發酵6小時。

第一步：製作哈密瓜皮

1 將所有食材稱好備用。
2 將奶油、糖粉放入容器中拌勻，加入雞蛋、香草精、檸檬皮屑拌勻。
3 加入過篩後的低筋麵粉、杏仁粉攪拌成團。放入冰箱冷藏20分鐘備用。

1

2

3

4

5

6

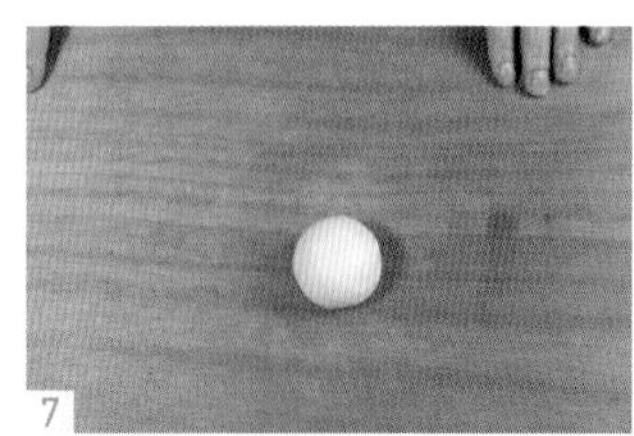
7

8-1

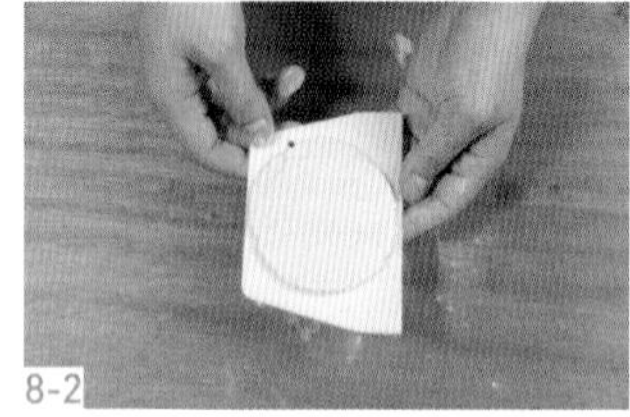
8-2

8-3

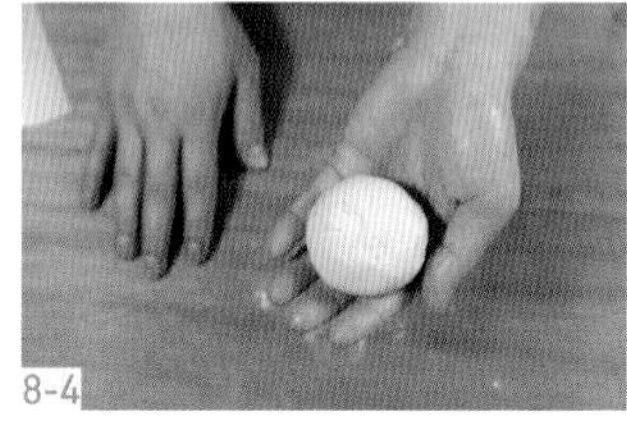
8-4

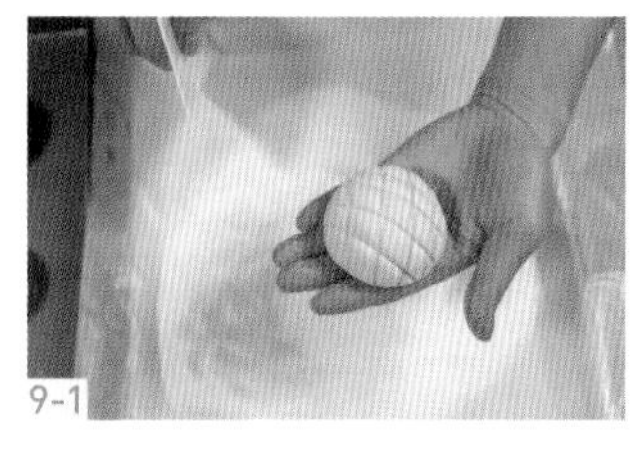
9-1

9-2

10

11

第二步：攪拌

4 除食鹽、奶油外，所有主麵團食材倒入攪拌桶中攪拌至厚膜，加入食鹽、奶油攪拌至完全擴展。
（具體可參考中種麵團攪拌流程製作。）

第三步：初次醒發

5 取出，稍作滾圓，蓋上保鮮膜室溫醒發20分鐘。

第四步：分割，滾圓

6 醒發後分割成60克/個，滾圓，蓋上保鮮膜繼續醒發15分鐘。

第五步：整型

7 取出麵團，放置於桌面上，手掌輕拍排氣，再次滾圓，底部黏合，表面噴水保持濕潤。
（將麵團中的氣體排盡，使其呈現較為緊實的球形。）

8 將哈密瓜皮取出，分割成25克/個，輕揉，用刮刀壓扁，包裹麵團。

9 裹上1層細砂糖，用刮刀在哈密瓜皮上印出花紋，放入烤盤。
（壓的時候力度不要過大。）

第六步：最後發酵

10 放入發酵箱中發酵至2倍大，發酵溫度34℃，相對濕度60%，時間約60分鐘。

第七步：烘烤

11 取出，放入烤箱，以上火190℃、下火175℃，烘烤14分鐘，烤至金黃色，取出輕震。

顆粒紅豆麵包

製作數量：15個。

產品介紹：顆粒紅豆麵包是懷舊經典款之一，將美味的紅豆餡塞入鬆軟的麵包中，簡單製作出麵包店中的人氣麵包。

掃碼觀看製作視頻

材料

中種麵團

高筋麵粉 210克
細砂糖 15克
乾酵母 2克
水 120克

內餡

紅豆沙 .... 適量

表面裝飾

蛋液.................. 適量
黑芝麻 .... 適量

主麵團

高筋麵粉 60克
低筋麵粉 30克
細砂糖 60克
奶粉.................... 6克
煉乳.................. 15克
蛋黃.................. 15克
雞蛋.................. 36克
冰水.................. 10克
乾酵母 1克
中種麵團 347克
食鹽................. 4.5克
奶油.................. 30克

*須提前製作好中種麵團，並冷藏發酵6小時。

第一步：攪拌

1 除食鹽、奶油外，所有主麵團食材倒入攪拌桶中攪拌至厚膜，加入食鹽、奶油攪拌至完全擴展。
（具體可參考中種麵團攪拌流程製作。）

第二步：初次醒發

2 取出，稍作滾圓，蓋上保鮮膜室溫醒發20分鐘。

第三步：分割，滾圓

3 醒發後分割成60克/個，滾圓，蓋上保鮮膜繼續醒發15分鐘。
（麵團分割時可使用適量的麵粉或者油脂來防止黏手。）

第四步：整型

4 取出，放置於桌面，用手掌輕拍排氣，粗糙面朝上，放上適量的紅豆餡，將其包裹起來，邊緣部分黏合，形成球形，放入烤盤。
（餡料要儘量放在麵團中間位置。麵團邊緣不要黏到餡料，避免黏不住。如果黏合部分沒有捏合好，發酵後很容易裂開。）

第五步：最後發酵

5 放入發酵箱，發酵溫度34℃，相對濕度60%，發酵約60分鐘，發酵至2倍大。

第六步：烤前裝飾

6 取出，於麵團表面塗抹蛋液，用擀麵棍的一端黏黑芝麻，印在麵團頂部。
（塗抹蛋液時動作輕盈，避免破壞麵團組織，導致麵團起氣泡。）

第七步：烘烤

7 放入烤箱，以上火200℃、下火190℃，烘烤約13分鐘，烤至金黃色，取出輕震。

桂花甜酒紅豆麵包

製作數量：15個。

產品介紹：桂花甜酒紅豆麵包雖然看起來普通，但是味道好得出乎意料。輕咬一口就能體驗到陷入牙齒的柔軟，純粹的豆沙香香甜甜，細品還能感受到淡淡的桂花酒釀的香醇。

掃碼觀看製作視頻

材料

中種麵團

高筋麵粉........210克
細砂糖.............15克
乾酵母................3克
水..................110克
桂花酒釀..........75克

內餡

紅豆餡.............適量

表面裝飾

小米.................適量
鹽漬櫻花..........適量

主麵團

高筋麵粉..........60克
低筋麵粉..........30克
中種麵團........413克
乾酵母...............1克
細砂糖.............40克
奶粉...................6克
煉乳.................15克
蛋黃.................15克
雞蛋.................36克
冰水.................10克
食鹽.................4.5克
奶油.................30克

＊ 須提前製作好中種麵團，並冷藏發酵6小時。

第一步：準備工作

1 將鹽漬櫻花放入溫水中浸泡1小時。

第二步：攪拌

2 除食鹽、奶油外，所有主麵團食材倒入攪拌桶中攪拌至厚膜，加入食鹽、奶油攪拌至完全擴展。
（具體可參考中種麵團攪拌流程製作。）

第三步：初次醒發

3 取出，稍作滾圓，蓋上保鮮膜室溫醒發20分鐘。

第四步：分割，滾圓

4 醒發後分割成60克/個，滾圓，蓋上保鮮膜繼續醒發15分鐘。

第五步：整型

5 取出，放置於桌面上，用手掌輕拍排氣，粗糙面朝上，放入約35克紅豆餡，將其完全包裹，底部黏合。

6 麵團表面黏適量小米，置於烤盤上。用手在麵團中間壓出孔眼。
（手指可適當沾黏麵粉或水來防黏。手指壓孔眼時深度可以觸碰到烤盤。）

第六步：最後發酵

7 放入發酵箱，發酵溫度34℃，相對濕度75%，發酵約60分鐘，發酵至2倍大。

第七步：烤前裝飾

8 取出，在孔眼內放上1朵鹽漬櫻花。

第八步：烘烤

9 放入烤箱，以上火200℃、下火175℃，烘烤約12分鐘至金黃色，取出輕震。

焦糖奶油麵包

製作數量：10個。

產品介紹：焦糖奶油麵包有著閃亮光澤的焦糖表層，吃起來外殼獨特香脆，濃香焦糖與奶油絕配，混合著兩種香氣，獨特的香味令人印象深刻。

材料

焦糖奶油

奶油霜 150克
細砂糖 60克
水 10克
鮮奶油 60克
香草精 .... 適量

中種麵團

高筋麵粉 210克
細砂糖 15克
乾酵母 3克
水 120克

表面裝飾

蛋液.................. 適量

主麵團

高筋麵粉 60克
低筋麵粉 30克
可可粉 4克
細砂糖 60克
奶粉..................... 6克
煉乳.................. 15克
蛋黃.................. 15克
雞蛋.................. 36克
水 10克
中種麵團 348克
食鹽.................. 4.5克
奶油.................. 30克

烤後加工

焦糖奶油 .... 適量
巧克力脆珠....... 適量

★須提前製作好中種麵團，並冷藏發酵6小時。

第一步：製作焦糖奶油

1 將細砂糖、水倒入奶鍋中煮至焦糖色。加入溫鮮奶油拌勻冷卻至常溫。

2 待焦糖冷卻常溫後加入奶油霜、香草精拌勻，裝入擠花袋冷藏備用。

1-1

1-2

2

第二步：攪拌

3 除食鹽、奶油外，所有主麵團食材倒入攪拌桶中攪拌至厚膜，加入食鹽、奶油攪拌至完全擴展。

（具體可參考中種麵團攪拌流程製作。）

第三步：初次醒發

4 取出，稍作滾圓，蓋上保鮮膜室溫醒發20分鐘。

第四步：分割，滾圓

5 醒發後分割成60克/個，滾圓，蓋上保鮮膜繼續醒發15分鐘。

第五步：整型

6 取出麵團，放置於桌面上，用擀麵棍將其擀開，捲成長度約15公分長的圓柱形。

7 整型後表面塗抹蛋液，室內風乾5分鐘。用刀片在麵團表面均勻劃上刀痕。

（稍微風乾後再劃可以讓刀痕更加明顯，刀口不會黏合在一起。）

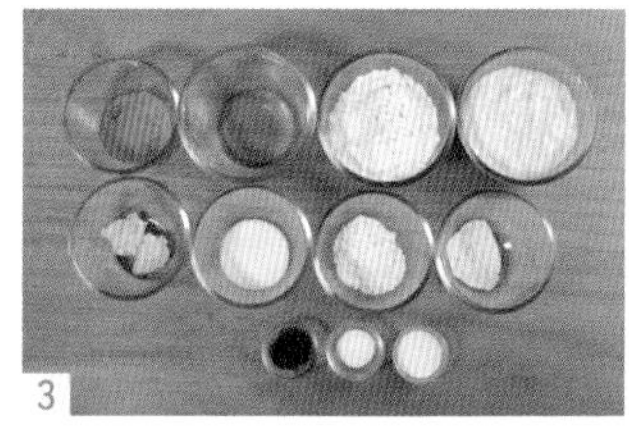
3

4

5

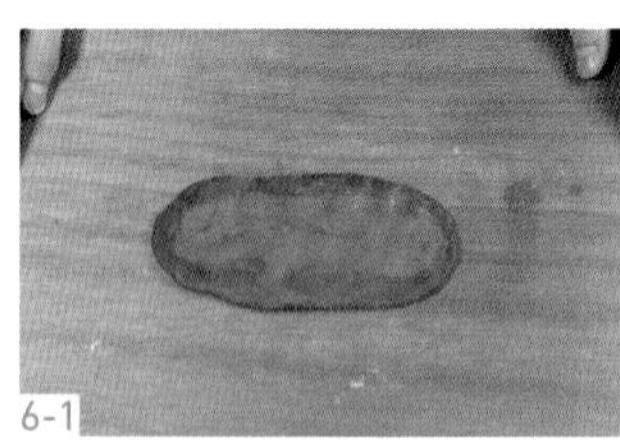
6-1

6-2

6-3

7-1

7-2

第六步：最後發酵

8 放入發酵箱，發酵溫度34℃，相對濕度60%，發酵約60分鐘，至1.5倍大。

第七步：烘烤

9 放入烤箱，以上火200℃、下火180℃，烘烤約12分鐘至金黃色。取出輕震，冷卻。

第八步：烤後加工

10 待麵包冷卻後表面切1刀，不要切斷。

11 擠上焦糖奶油，撒上適量的巧克力脆珠。

8

9

10

11-1

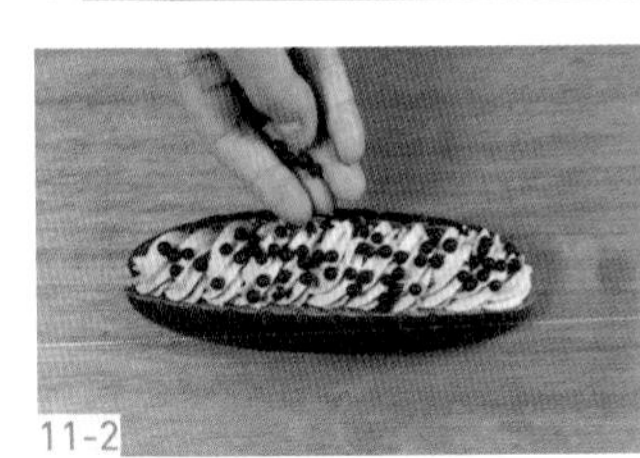
11-2

胡桃奶油麵包

製作數量：15個。

產品介紹：胡桃奶油麵包添加了奶油，奶香濃郁，有回味，吃在口中香軟誘人，自有一種獨特風味。蓬鬆的麵包，夾著厚厚的純白奶油，捧在手心，賞心悅目。拍照記錄完才捨得咬下第一口。

材料

中種麵團

材料	份量
高筋麵粉	210克
細砂糖	15克
乾酵母	2克
水	120克

主麵團

材料	份量
高筋麵粉	60克
低筋麵粉	30克
細砂糖	60克
奶粉	6克
煉乳	15克
蛋黃	15克
雞蛋	36克
水	10克
乾酵母	1克
中種麵團	347克
食鹽	4.5克
奶油	30克

奶油霜

材料	份量
鮮奶油	100克
糖	8克

烤後加工

材料	份量
奶油霜	適量
奶油乳酪碎	適量
烤熟山核桃	適量
蜂蜜	適量

* 須提前製作好中種麵團，並冷藏發酵6小時。

第一步：製作奶油霜

1 將所有奶油霜食材倒入容器打發，裝入裝有擠花嘴的擠花袋中冷藏備用。

第二步：攪拌

2 除食鹽、奶油外，所有主麵團食材倒入攪拌桶中攪拌至厚膜，加入食鹽、奶油攪拌至完全擴展。

（具體可參考中種麵團攪拌流程製作。）

第三步：初次醒發

3 取出，稍作滾圓，蓋上保鮮膜室溫醒發20分鐘。

1

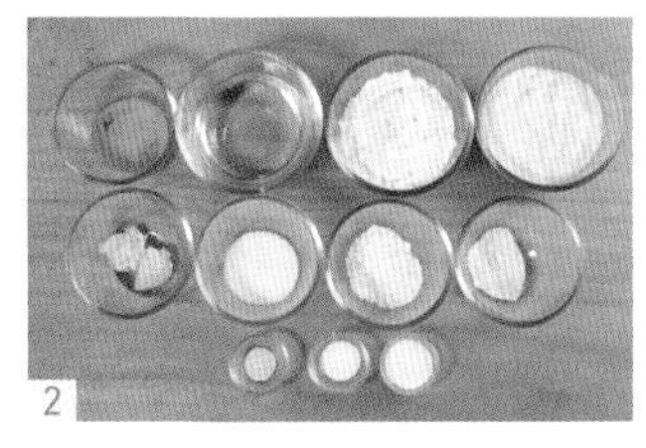
2

3

第四步：分割，滾圓

4 醒發後分割成60克/個，滾圓，蓋上保鮮膜繼續醒發15分鐘。
（麵團分割時可使用適量的麵粉或者油脂來防止黏手。）

第五步：整型

5 取出麵團，放置於桌面上，用擀麵棍將其擀開，預留底部小部分作坯形，粗糙面朝上，捲成橄欖形，移至烤盤中。
（要將兩頭轉動成較細的形狀，使整個麵團呈現出兩頭細，中間粗的樣子。）

第六步：最後發酵

6 放入發酵箱，發酵溫度34℃，相對濕度60%，發酵約60分鐘，至2倍大。

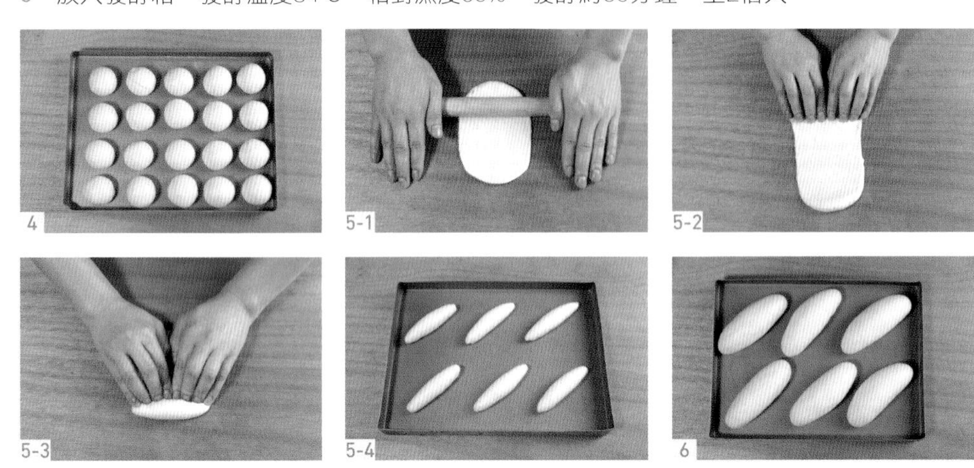
4　5-1　5-2　5-3　5-4　6

第七步：烘烤

7 取出，放入烤箱，以上火200℃、下火185℃，烘烤約12分鐘至金黃色。取出輕震排氣，冷卻備用。

第八步：烤後加工

8 待冷卻後，用鋸齒刀在麵包表面豎著切割，不要切斷。
9 切面擠上奶油霜。
10 放上烤熟山核桃、奶油乳酪碎，表面擠上蜂蜜。

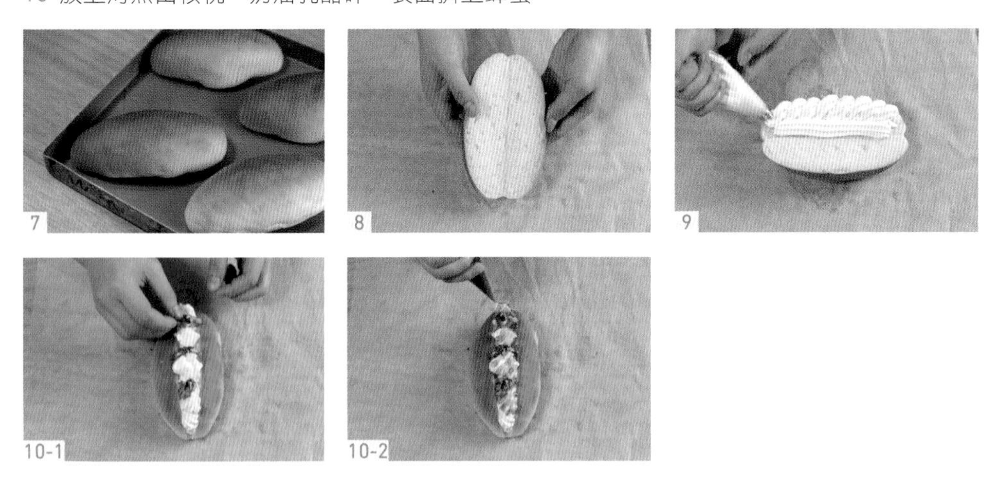
7　8　9　10-1　10-2

蒙布朗栗子麵包

製作數量：15個。

產品介紹：蒙布朗是法文「勃朗峰」的音譯，是一道非常經典的法式栗子蛋糕。大量的栗子泥製作而成的栗子奶油，以線條方式擠在蛋糕上，呈現出蒙布朗蛋糕所特有的造型。以蒙布朗蛋糕為靈感的蒙布朗栗子麵包同樣栗香四溢。

材料

奶油霜
鮮奶油............100克
細砂糖................8克

焦糖栗子
熟栗子............200克
細砂糖..............60克
水.....................20克

栗子奶油
栗子泥............200克
鮮奶油..............40克

中種麵團
高筋麵粉........210克
細砂糖..............15克
乾酵母................2克
水...................120克

主麵團
高筋麵粉..........60克
低筋麵粉..........30克
細砂糖..............60克
乾酵母................2克
奶粉....................6克
煉乳..................15克
蛋黃..................15克
雞蛋..................36克
水.....................10克
中種麵團........347克
食鹽..................4.5克
奶油..................30克

烤後加工
奶油霜.............. 適量
焦糖栗子.......... 適量
栗子奶油.......... 適量
防潮糖粉.......... 適量

★須提前製作好中種麵團，並冷藏發酵6小時。

第一步：製作奶油霜

1 將所有奶油霜食材倒入容器中打發，裝入擠花袋冷藏備用。

第二步：製作焦糖栗子

2 將細砂糖、水倒入奶鍋中煮至焦糖色，倒入熟栗子拌勻，每粒分離備用。

1

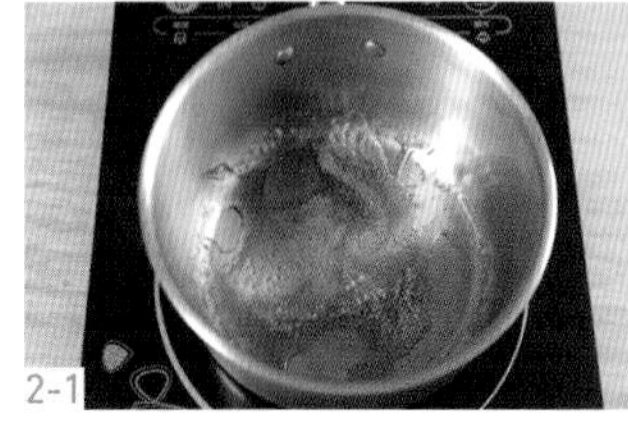
2-1

2-2

第三步：製作栗子奶油

3 將栗子泥、鮮奶油混合均勻，裝入帶擠花嘴的擠花袋中冷藏備用。

第四步：攪拌

4 除食鹽、奶油外，所有主麵團食材倒入攪拌桶中攪拌至厚膜，加入食鹽、奶油攪拌至完全擴展。

（具體可參考中種麵團攪拌流程製作。）

第五步：初次醒發

5 取出麵團，稍作滾圓，蓋上保鮮膜室溫醒發20分鐘。

第六步：分割，滾圓

6 醒發後分割成60克/個，滾圓，蓋上保鮮膜繼續醒發15分鐘。

第七步：整型

7 取出，放置於桌面上，手指輕拍排氣，再次揉圓，底部黏合，形成球形。移至烤盤上。

3

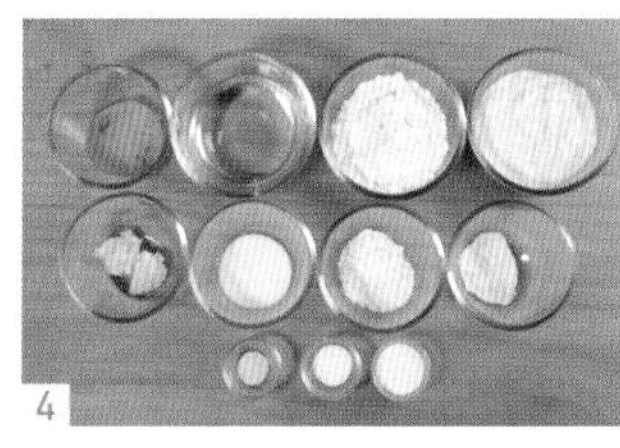
4

5

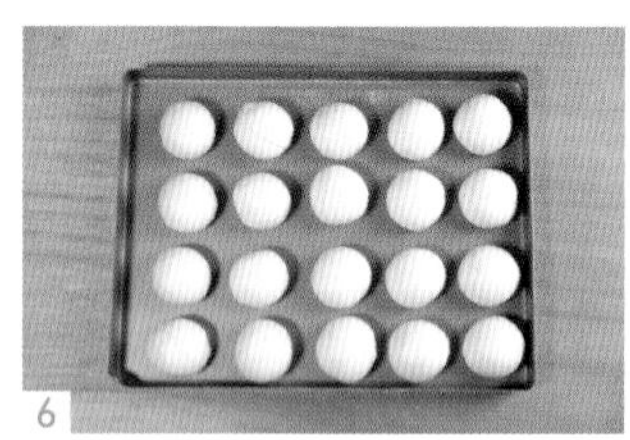
6

7-1

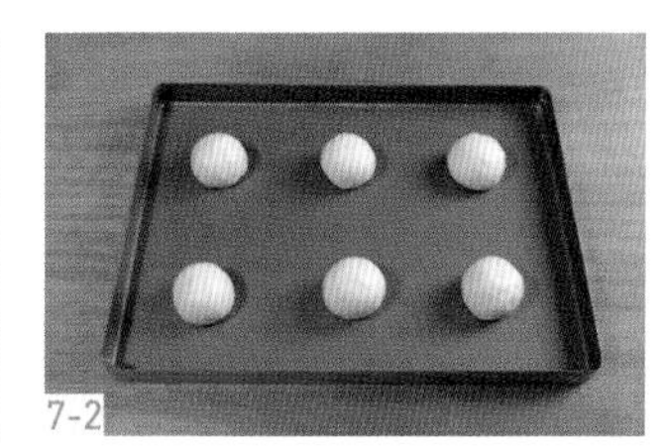
7-2

第八步：最後發酵

8 放入發酵箱，發酵溫度34℃，相對濕度60%，發酵約60分鐘，至2倍大。

第九步：烘烤

9 取出，放入烤箱，以上火200℃、下火190℃，烘烤約12分鐘至金黃色。取出，輕震烤盤排氣，冷卻備用。

第十步：烤後加工

10 待冷卻後，在麵包表面用鋸齒刀切1刀並展開，不要切斷。

11 在麵包邊緣切割部分擠上奶油霜，合起麵包。

12 在奶油霜上擠上適量的栗子奶油。

13 麵包中間放上焦糖栗子，篩1層防潮糖粉。

生巧克力麵包

製作數量：10個。

產品介紹：香濃誘人的巧克力味，柔軟的口感和甜蜜的味道，完美地詮釋了生巧克力麵包，巧克力麵包經得起各種口味挑剔，表面富有曲線美的巧克力花紋增添了不少色彩。

材料

巧克力甘納許

鮮奶油……100克
玉米糖漿……20克
純脂巧克力……100克

中種麵團

高筋麵粉……210克
細砂糖……15克
乾酵母……3克
水……120克

主麵團

高筋麵粉……60克
低筋麵粉……30克
細砂糖……60克
奶粉……6克
煉乳……15克
蛋黃……15克
雞蛋……36克
水……10克
乾酵母……1克
中種麵團……347克
食鹽……4.5克
奶油……30克

烤後加工

巧克力甘納許……適量
可可粉……適量
開心果碎……適量

操作步驟

★須提前製作好中種麵團，並冷藏發酵6小時。

第一步：製作巧克力甘納許

1 純脂巧克力放入容器中加熱融化，加入鮮奶油、玉米糖漿混勻，裝入裝有擠花嘴的擠花袋中冷藏備用。

第二步：攪拌

2 除食鹽、奶油外，所有主麵團食材倒入攪拌桶中攪拌至厚膜，加入食鹽、奶油攪拌至完全擴展。

（具體可參考中種麵團攪拌流程製作。）

1

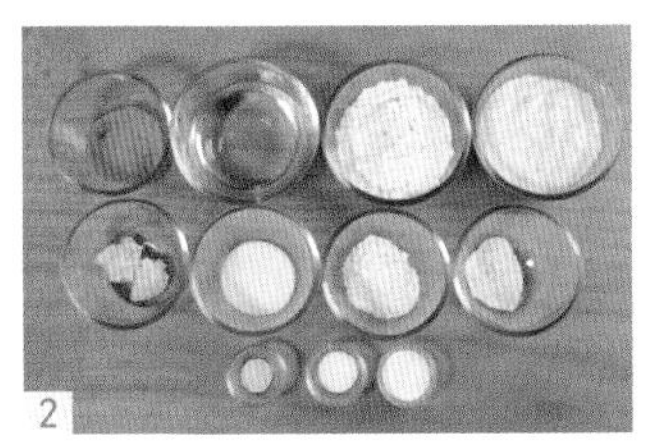
2

第三步：初次醒發

3 取出，稍作滾圓，蓋上保鮮膜室溫醒發20分鐘。

第四步：分割，滾圓

4 醒發後分割成60克/個，滾圓，蓋上保鮮膜繼續醒發15分鐘。

第五步：整型

5 取出麵團，放置於桌面上，用擀麵棍將其擀開，預留底部小部分作坯形，粗糙面朝上，捲成橄欖形，移至烤盤中。

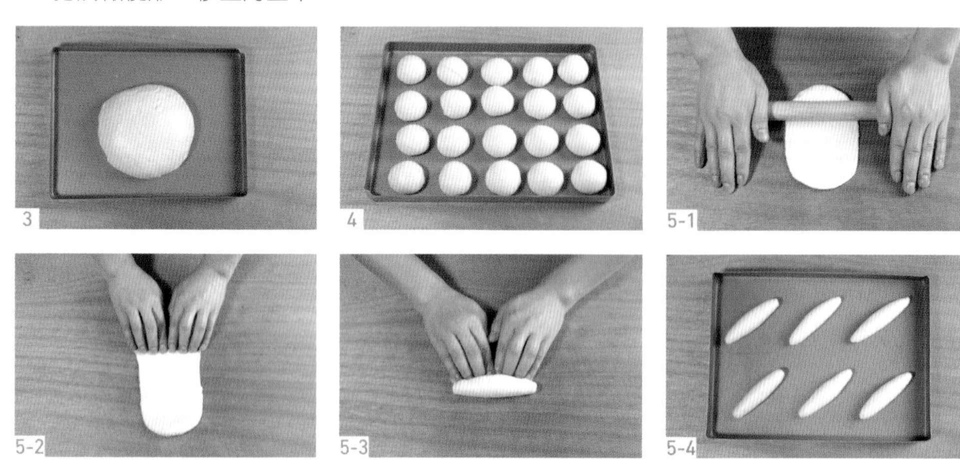
3 4 5-1 5-2 5-3 5-4

第六步：最後發酵

6 放入發酵箱，發酵溫度34℃，相對濕度60%，發酵約60分鐘，至2倍大。

第七步：烘烤

7 取出，放入烤箱，以上火200℃、下火185℃，烘烤約12分鐘至金黃色。取出輕震排氣，冷卻備用。

第八步：烤後加工

8 待冷卻後，用鋸齒刀在麵包表面豎著切割，不要切斷。

9 擠上巧克力甘納許。

10 撒上適量的開心果碎，篩1層可可粉。

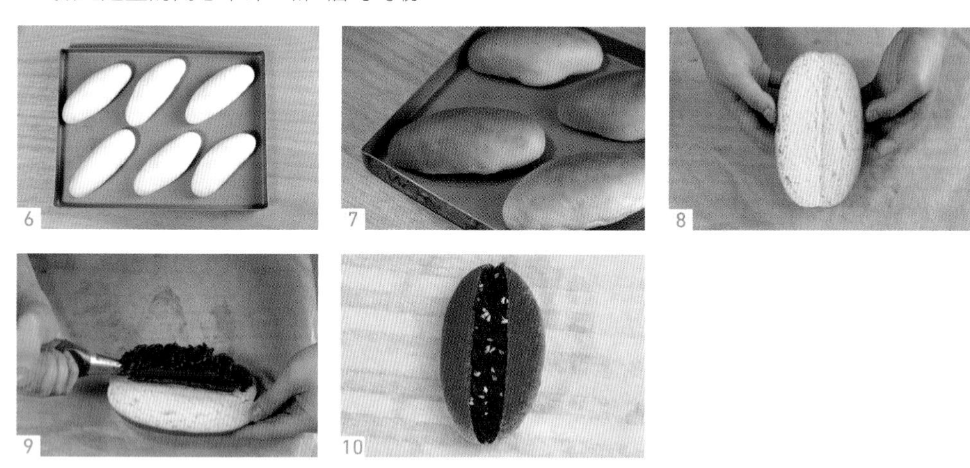
6 7 8 9 10

奶油捲餐包

製作數量：32個。

產品介紹：餐包有不同的形狀，看似簡單，也需要練習，才能讓餐包鬆軟可口，奶香四溢。

材料

主麵團

高筋麵粉........500克
細砂糖..............60克
奶粉..................20克
乾酵母................5克
雞蛋..................50克
蛋黃..................20克
水....................250克
食鹽....................7克
奶油..................50克

表面裝飾

雞蛋液..............適量
白芝麻..............適量

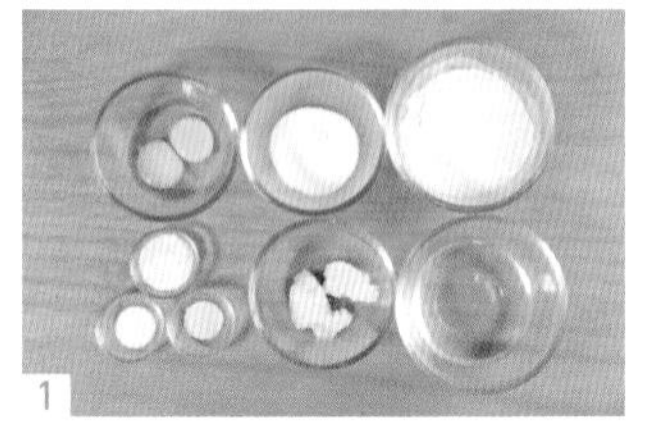
1

2

第一步：攪拌

1　除食鹽、奶油外，所有主麵團食材倒入攪拌桶中攪拌至厚膜，加入食鹽、奶油攪拌至完全擴展。

（具體可參考直接法麵團攪拌流程製作。）

第二步：初次醒發

2　取出，稍作滾圓，蓋上保鮮膜室溫醒發20分鐘。

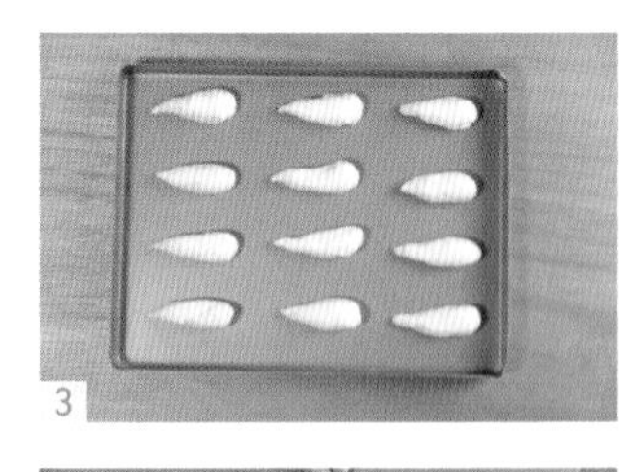
3

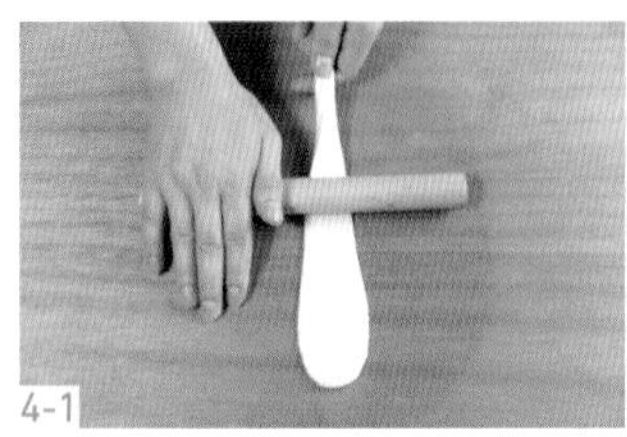
4-1

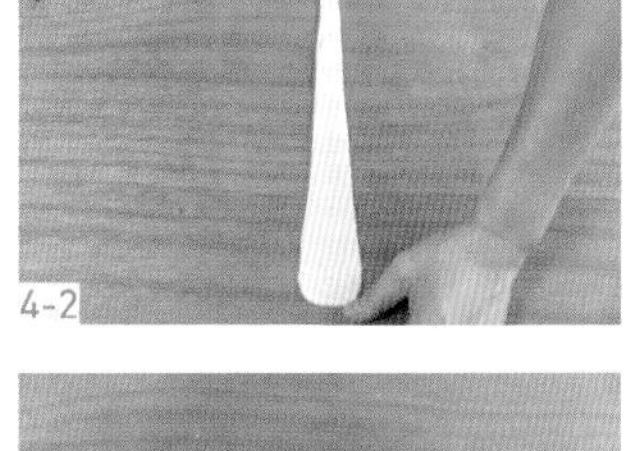
4-2

5-1

5-2

6

第三步：分割，滾圓

3　醒發後分割成30克/個，揉搓成水滴狀，蓋上保鮮膜繼續醒發15分鐘。

第四步：整型

4　取出，放置於桌面上，用擀麵棍從較粗的一端將其擀開，較細的一端置於手上，慢慢往下推擀，將其擀薄。

5　較粗的一面由上往下捲，形成捲狀。放入烤盤。

（捲的時候注意兩邊間距，以免錯位。）

第五步：最後發酵

6　放入發酵箱，發酵溫度34℃，相對濕度75%，發酵約60分鐘，至2倍大。

7

8

第六步：烤前裝飾

7　取出，在表面塗抹蛋液，撒上適量白芝麻。

第七步：烘烤

8　放入烤箱，以上火200℃、下火170℃，烘烤約11分鐘至金黃色。

德式麵包排

製作數量：18個。

產品介紹：麵包排口感甚好，可以直接吃，也可以當作早餐或者下午茶。

材料

主麵團

- 高筋麵粉 400克
- 低筋麵粉 100克
- 奶粉 20克
- 細砂糖 80克
- 雞蛋 75克
- 水 240克
- 食鹽 9克
- 奶油 20克
- 乾酵母 5克

表面裝飾

- 蛋液 .... 適量
- 核桃碎 .... 適量
- 珍珠糖 .... 適量

操作步驟

第一步：攪拌

1 除食鹽、奶油外的所有主麵團食材倒入攪拌桶中攪拌至厚膜，加入食鹽、奶油攪拌至完全擴展。

（具體可參考直接法麵團攪拌流程製作。）

第二步：初次醒發

2 取出，稍作滾圓，蓋上保鮮膜室溫醒發20分鐘。

第三步：分割，滾圓

3 醒發後分割成50克/個，滾圓，蓋上保鮮膜繼續醒發15分鐘。

第四步：整型

4 取出麵團，放置於桌面上，用擀麵棍擀開，捲成圓柱形。揉搓成12公分長。

5 再將其揉搓成兩邊細，中間粗的棒狀。移至烤盤，並排排列12條。

（注義大利麵團排列間距。）

第五步：最後發酵

6 放入發酵箱，發酵溫度34℃，相對濕度75%，發酵約50分鐘，至2倍大。

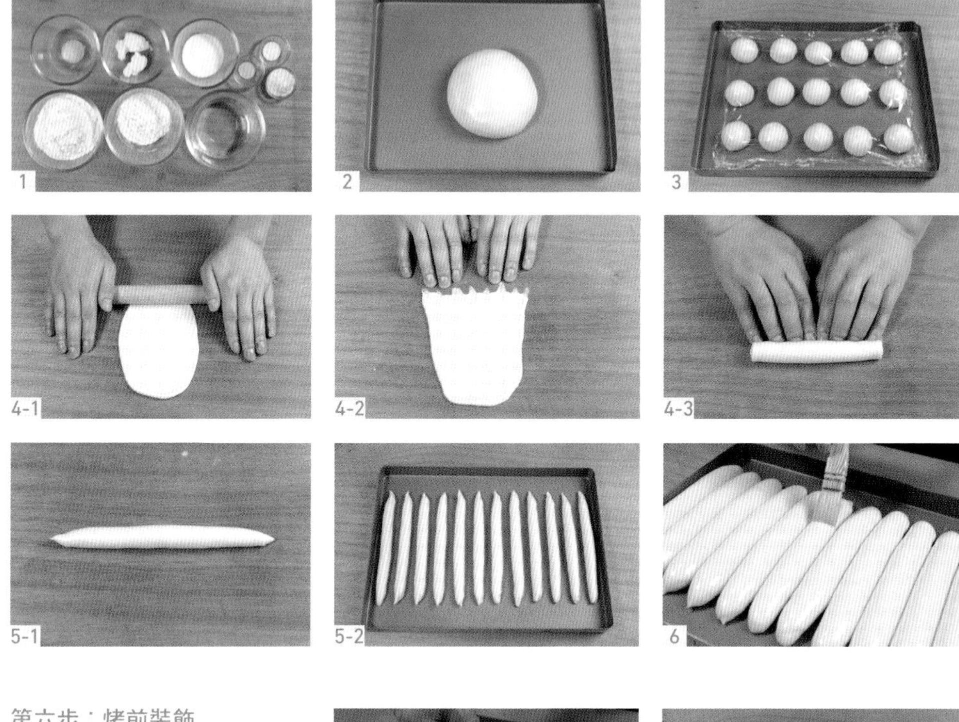

第六步：烤前裝飾

7 取出，表面塗抹蛋液，撒上核桃碎、珍珠糖。

第七步：烘烤

8 放入烤箱，以上火200℃、下火185℃，烘烤約14分鐘至金黃色，取出輕震排氣。

起司海苔麵包

製作數量：7個。

產品介紹：起司海苔麵包的麵包體鬆軟，含水量高，底部的鹹奶油經過高溫的烘烤融化，使得麵包底部擁有別於其他麵包的酥脆口感，甜中帶鹹，暄軟，海苔味十足。

材料

主麵團

高筋麵粉 250克
乾酵母 2克
食鹽 5克
細砂糖 8克
奶油 10克
冰水 160克
海苔粉 15克

內餡

含鹽奶油 8克/個

表面裝飾

起司粉 .... 適量

1

2

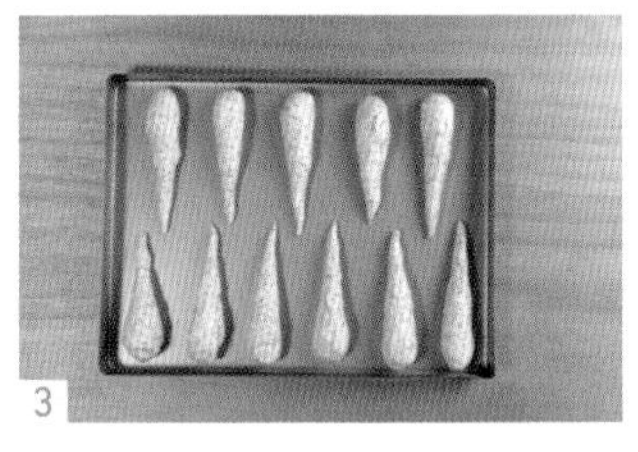
3

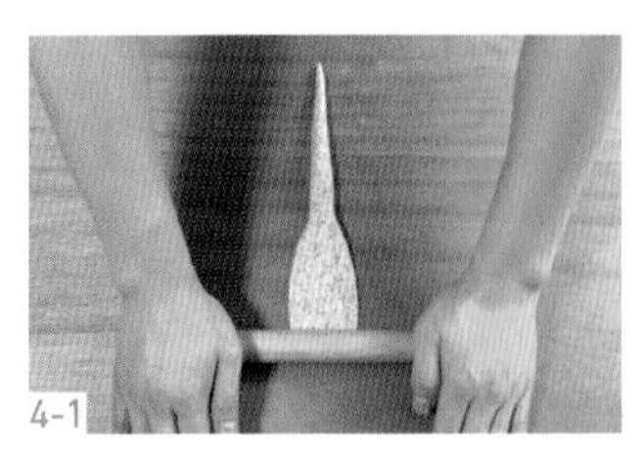
4-1

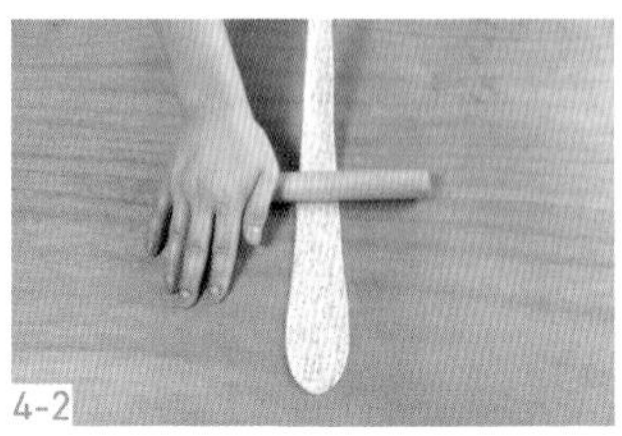
4-2

5-1

5-2

5-3

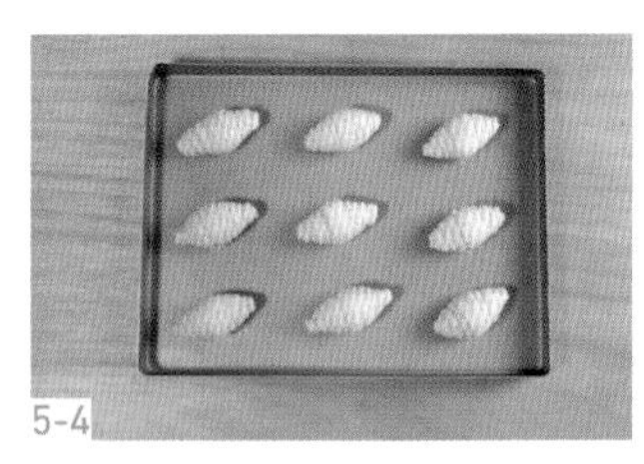
5-4

6

7

第一步：攪拌

1 除食鹽、奶油外，所有主麵團食材倒入攪拌桶中攪拌至厚膜，加入食鹽、奶油攪拌至完全擴展。最後加入海苔粉拌勻即可。

（具體可參考直接法麵團攪拌流程製作。）

第二步：初次醒發

2 取出，稍作滾圓，蓋上保鮮膜室溫醒發15分鐘。

第三步：分割，滾圓

3 將麵團分割成60克/個，揉搓成水滴狀，蓋上保鮮膜，於冰箱冷藏醒發20分鐘。

第四步：整型

4 取出，放置於桌面上，用擀麵棍在較粗的一端將其擀開，較細的一端放置於手上，慢慢往下推擀，將其擀薄。

5 粗糙面朝上，頂端放上8克的含鹽奶油，由上往下捲，形成捲狀。表面噴水，裹上1層起司粉，放入烤盤。

（捲的時候注意兩邊的間距，以免錯位，影響美觀性。）

第五步：最後發酵

6 放入發酵箱，發酵溫度34℃，相對濕度75%，發酵約60分鐘，至2倍大。

第六步：烘烤

7 放入烤箱，蒸氣3秒，以上火210℃、下火190℃，烘烤約12分鐘至金黃色。

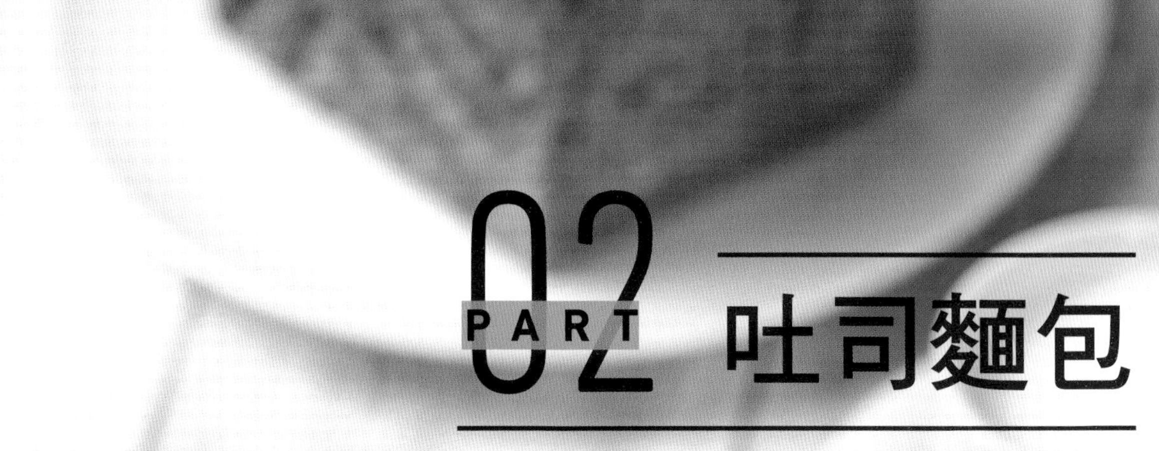

PART 02 吐司麵包

原味吐司

製作數量：3個。

產品介紹：原味吐司通常作為主食麵包，在吐司上塗抹奶油或果醬食用，也可用於製作菜肴吐司，將麵包切片夾上各種食材做成三明治等。食用方法雖然不同，但同樣美味。

材料

高筋麵粉	400克	冰水	300克
低筋麵粉	100克	雞蛋	50克
細砂糖	40克	奶油	25克
奶粉	15克	食鹽	9克
乾酵母	5克		

掃碼觀看製作視頻

第一步：攪拌

1 除食鹽、奶油外，所有食材倒入攪拌桶中攪拌至厚膜，加入食鹽、奶油攪拌至完全擴展。（具體可參考直接法麵團攪拌流程製作。）

第二步：初次醒發

2 取出，稍作滾圓，蓋上保鮮膜室溫發酵30分鐘。

第三步：分割，滾圓

3 醒發後分割成250克/個，裹成圓柱形，蓋上保鮮膜繼續醒發30分鐘。

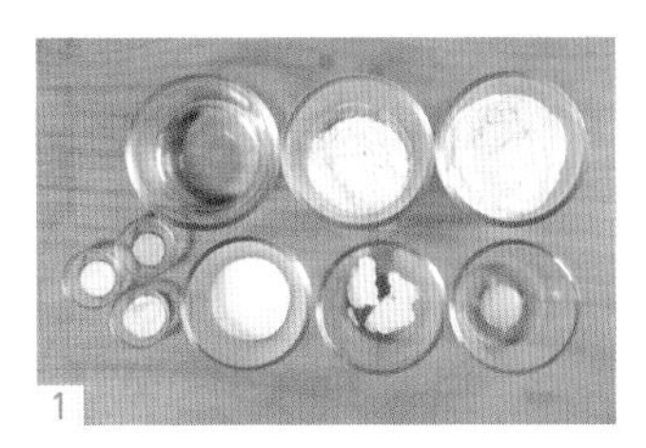
1

2

3

第四步：整型

4 取出，放置於桌面上，用手掌輕拍排氣，粗糙面朝上，捲成圓柱形。蓋上保鮮膜繼續醒發20分鐘。

5 取出，再次用擀麵棍擀長，捲成較短的圓柱形。移至250克吐司模具中。

第五步：最後發酵

6 放入發酵箱，發酵溫度32℃，相對濕度75%，發酵約55分鐘，至八分滿。

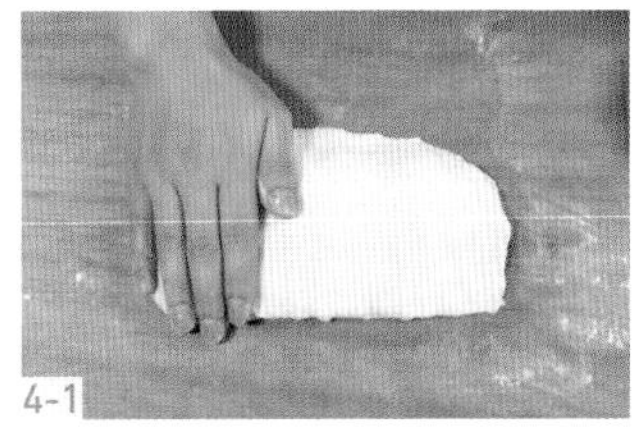
4-1

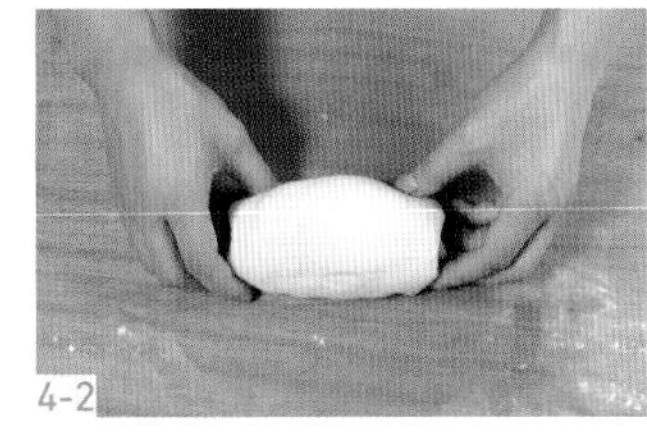
4-2

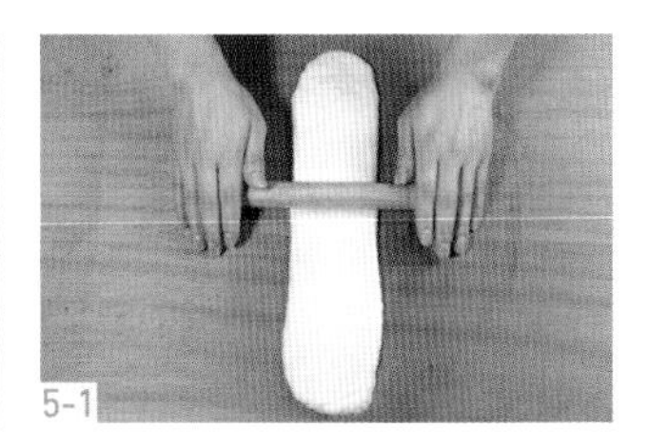
5-1

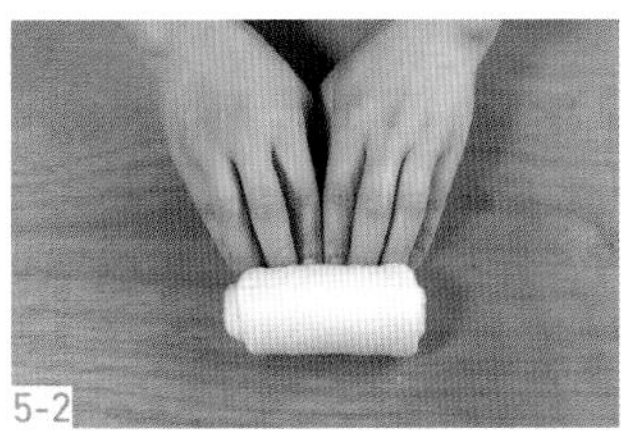
5-2

5-3

6

第六步：烘烤

7 蓋上蓋子放入烤箱中，以上火210℃、下火210℃，烘烤約15分鐘。

8 取出輕震排氣，倒扣於冷卻架上冷卻。

7

8

全麥吐司

製作數量：3個。

產品介紹：全麥吐司與普通小麥麵包相比，油脂含量較少，用含較多膳食纖維和礦物質的全麥粉烤製出的麵包，能夠符合人們的健康理念。

掃碼觀看製作視頻

全麥麵種

全麥粉............357克

水...................520克

主麵團

高筋麵粉........357克

乾酵母................6克

細砂糖..............50克

奶粉..................20克

蜂蜜..................20克

雞蛋..................20克

全麥麵種........877克

食鹽..................14克

奶油..................20克

表面裝飾

全麥粉.............. 適量

1-1

1-2

2

3

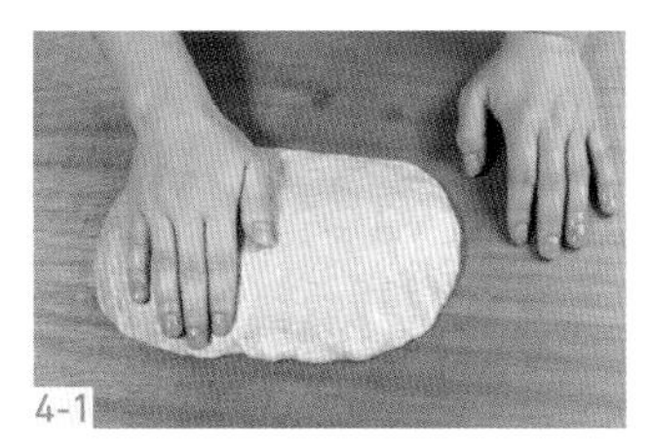
4-1

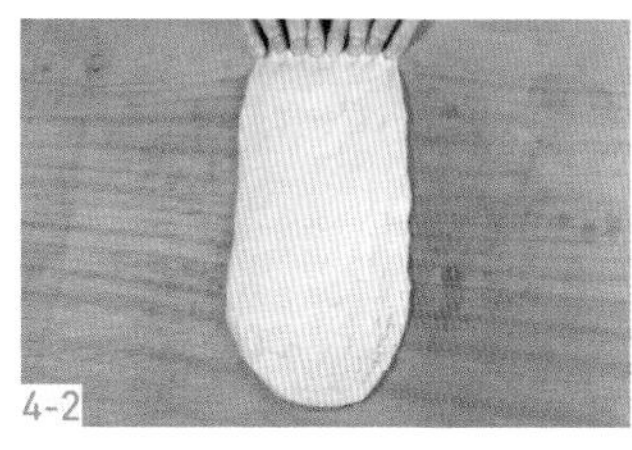
4-2

4-3

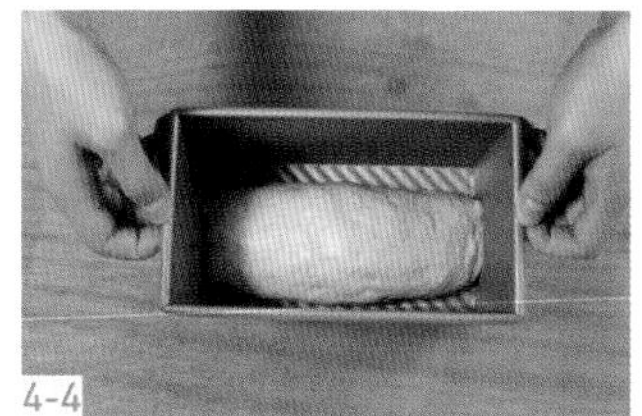
4-4

5

第一步：攪拌

1 除食鹽、奶油外，所有主麵團食材倒入攪拌桶中攪拌至厚膜，加入食鹽、奶油攪拌至完全擴展。
（具體可參考中種麵團攪拌流程製作。）

第二步：初次醒發

2 取出，稍作滾圓，蓋上保鮮膜室溫醒發30分鐘。

第三步：分割，滾圓

3 醒發後分割成450克/個，裹成圓柱形，蓋上保鮮膜繼續醒發30分鐘。

第四步：整型

4 取出，放置於桌面上，手掌輕拍排氣，粗糙面朝上，向內捲成圓柱形。移至450克吐司模具中。

第五步：最後發酵

5 放入發酵箱中，發酵溫度32℃，相對濕度75%，發酵約60分鐘，至八分滿。

6

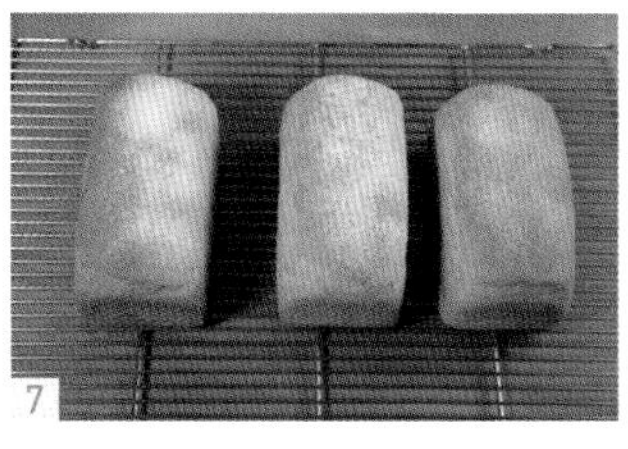
7

第六步：烘烤

6 取出，篩上全麥粉，放入烤箱，不帶蓋，以上火160℃、下火210℃，烘烤約30分鐘，至金黃色。

7 取出，倒扣於冷卻架上冷卻。

南瓜流沙吐司

掃碼觀看製作視頻

製作數量：6個。

產品介紹：南瓜一直是烘焙熱門食材，它的主要特點是顏色金黃，口感軟綿，有著自然清香，製作出的無添加天然果蔬麵包，老少皆宜。

材料

流沙餡

鹹蛋黃............125克
奶油..................25克
大豆油..............45克
牛奶..................40克
細砂糖..............21克
白酒.................. 適量

表面裝飾

南瓜子.............. 適量
糖粉.................. 適量

主麵團

高筋麵粉........750克
乾酵母................6克
細砂糖..............60克
奶粉..................18克
鮮奶油..............40克
雞蛋................100克
熟南瓜泥........300克
冰水................340克
食鹽..................14克
奶油..................70克

操作步驟

第一步：製作流沙餡

1 鹹蛋黃表面噴適量白酒，放入烤箱烤熟，過篩備用。

2 加入奶油、大豆油、牛奶、細砂糖拌勻，裝入擠花袋備用。

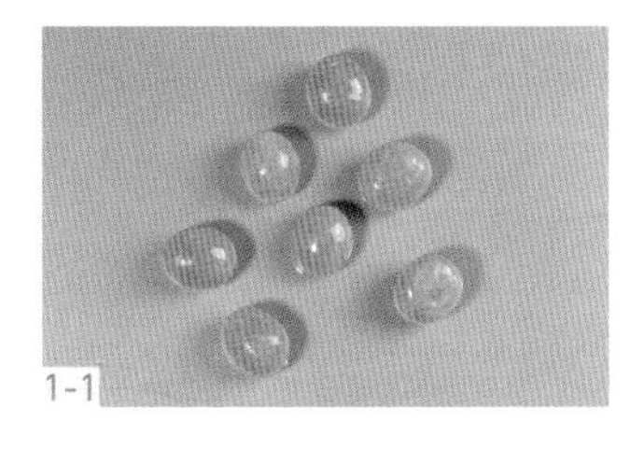

1-1

1-2

2

第二步：製作麵團

3　除食鹽、奶油外，所有主麵團食材倒入攪拌桶中攪拌至厚膜，加入食鹽、奶油攪拌至完全擴展。

（具體可參考直接法麵團攪拌流程製作。）

第三步：初次醒發

4　取出，稍作滾圓，蓋上保鮮膜室溫醒發30分鐘。

第四步：分割，滾圓

5　醒發後分割成225克/個，裹成圓柱形，蓋上保鮮膜繼續醒發20分鐘。

3

4

5

第五步：整型

6　取出，放置於桌面上，用擀麵棍將其擀開，捲成圓柱形。移至250克吐司模具中。

第六步：最後發酵

7　放入發酵箱，發酵溫度32℃，相對濕度75%，發酵約50分鐘，至模具的八分滿。

第七步：烘烤

8　取出，表面放上2粒南瓜子裝飾，加蓋烘烤，以上火190℃、下火200℃，烘烤約16分鐘。

9　取出，輕震模具，倒扣取出麵包，移至冷卻架上冷卻。

10　通過麵包表面擠入適量的流沙餡，篩上1層糖粉。

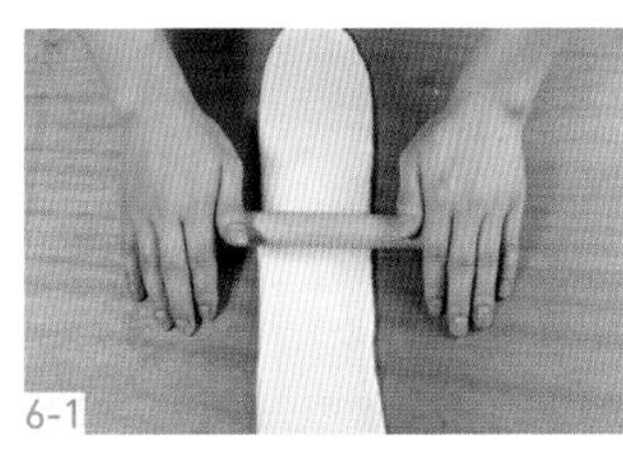
6-1

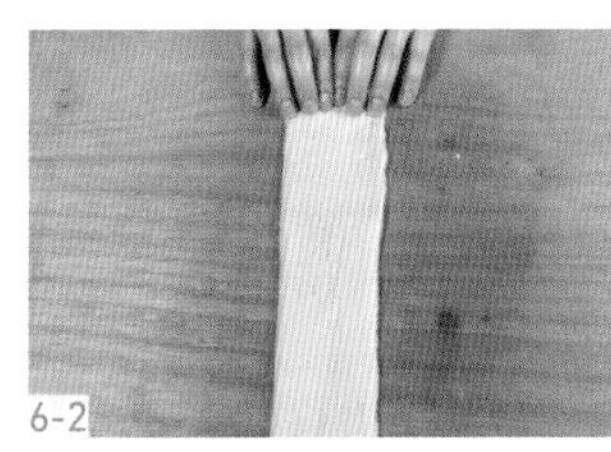
6-2

6-3

6-4

7

8-1

8-2

9

10

胡蘿蔔奶油吐司

製作數量：3個。

產品介紹：胡蘿蔔奶油吐司色澤金黃，香甜可口，奶香濃郁，口感鬆軟，香氣撲鼻。胡蘿蔔含有維生素C、胡蘿蔔素、膳食纖維等，可促進人體腸胃蠕動。

掃碼觀看製作視頻

材料

高筋麵粉........750克
乾酵母................6克
細砂糖.............70克
奶粉.................18克
鮮奶油.............40克
雞蛋................100克
熟胡蘿蔔泥.....300克
水...................340克
食鹽..................10克
奶油..................70克

第一步：攪拌

1　除食鹽、奶油外，所有食材倒入攪拌桶中攪拌至厚膜，加入食鹽、奶油攪拌至完全擴展。（具體可參考直接法麵團攪拌流程製作。）

第二步：初次醒發

2　取出，稍作滾圓，蓋上保鮮膜室溫醒發30分鐘。

第三步：分割，滾圓

3　醒發後分割成450克/個，裹成圓柱形，蓋上保鮮膜繼續醒發30分鐘。

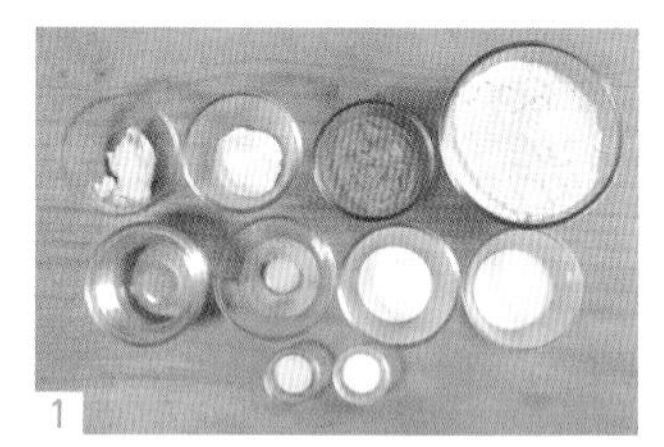
1

2

3

第四步：整型

4　取出，放置於桌面上，手掌輕拍排氣，粗糙面朝上，向內捲成圓柱形。移至450克吐司模具中。

第五步：最後發酵

5　放入發酵箱中，發酵溫度32℃，相對濕度75%，發酵約55分鐘，至八分滿。

第六步：烘烤

6　取出，不蓋蓋子，放入烤箱，以上火160℃、下火210℃，烘烤約35分鐘至金黃色，取出倒扣至冷卻架上冷卻。

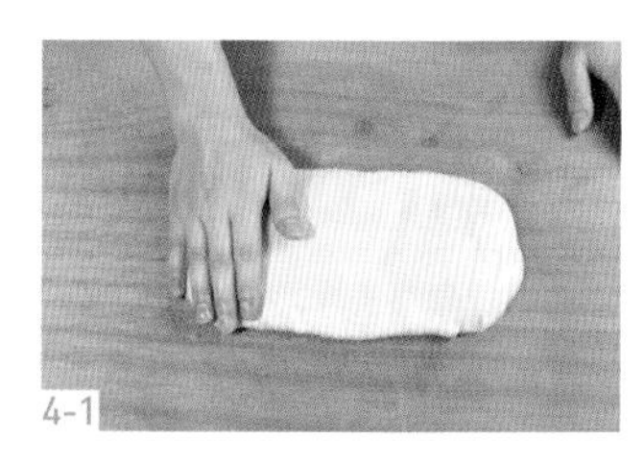
4-1

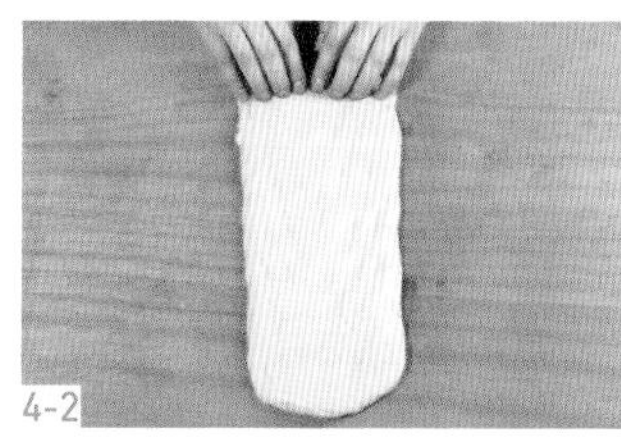
4-2

4-3

4-4

5

6

奶酥葡萄乾吐司

製作數量：1個。

產品介紹：含有香蘭葉香味的麵包，奶味濃郁，不甜，吃起來口感較軟，組織細緻，添加葡萄乾提升咀嚼感。冷卻後彈性更佳。

掃碼觀看製作視頻

材料

酒漬葡萄乾

葡萄乾..............50克

白蘭姆酒............7克

奶酥餡

奶油................100克

糖粉..................60克

雞蛋..................80克

奶粉................120克

主麵團

高筋麵粉........450克

低筋麵粉..........50克

細砂糖..............50克

乾酵母................5克

雞蛋..................30克

香蘭葉粉..........15克

食鹽....................6克

奶油..................20克

表面裝飾

雞蛋液..............適量

杏仁片..............適量

操作步驟

第一步：準備工作

1 提前將葡萄乾用溫水浸泡3小時，過濾瀝乾水分，加入蘭姆酒冷藏6小時以上。

第二步：製作奶酥餡

2 將奶油、糖粉放入容器中攪拌均勻，加入雞蛋繼續拌勻。

3 加入奶粉拌勻備用。

1

2

3

第三步：攪拌

4 除食鹽、奶油外，所有主麵團食材倒入攪拌桶中攪拌至厚膜，加入食鹽、奶油攪拌至完全擴展。

（具體可參考直接法麵團攪拌流程製作。）

第四步：初次醒發

5 取出，稍作滾圓，蓋上保鮮膜室溫醒發30分鐘。

第五步：分割，滾圓

6 醒發後分割成450克/個，滾圓，再次醒發20分鐘。

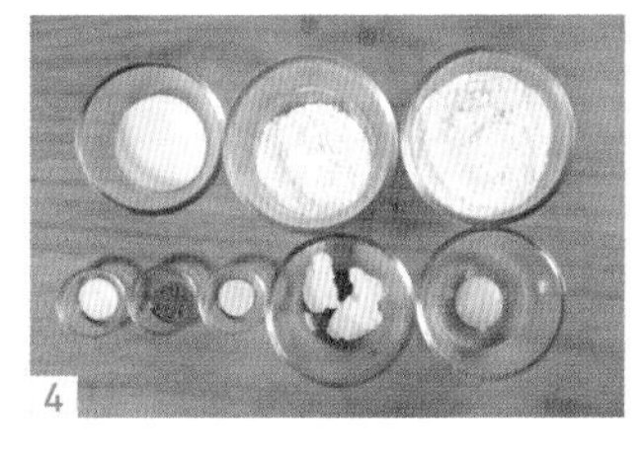
4

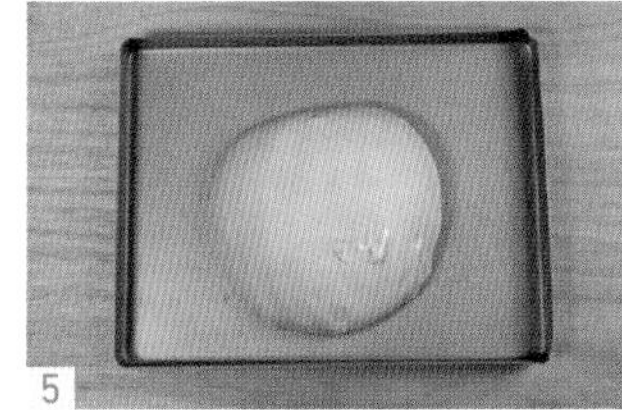
5

6

第六步：整型

7 取出，放置於桌面上，用擀麵棍將其擀長，粗糙面朝上，塗抹1層奶酥餡，放上適量的酒漬葡萄乾。將其捲成圓柱形。

8 稍微搓長，用切割刀將圓柱形分割成3辮（頂部不切斷）。

9 將其辮成3股辮。

10 粗糙面朝上，將其折疊成模具大小，折疊後移至450克吐司模具中。

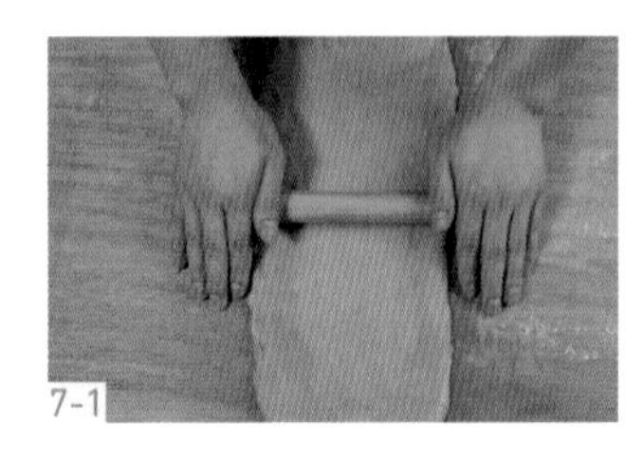
7-1

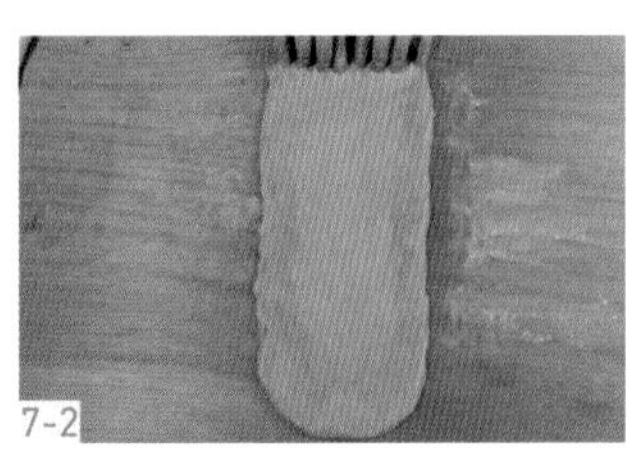
7-2

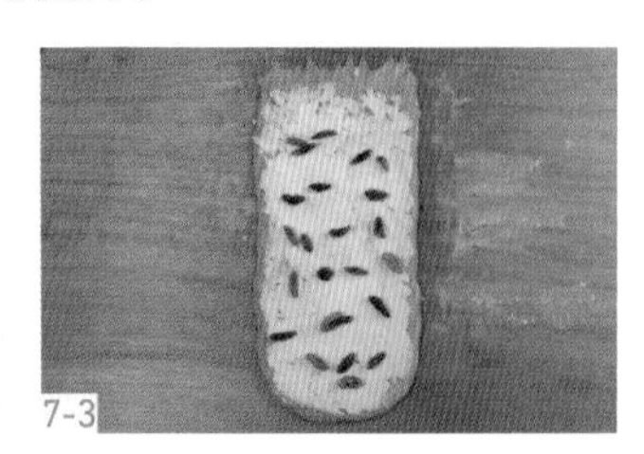
7-3

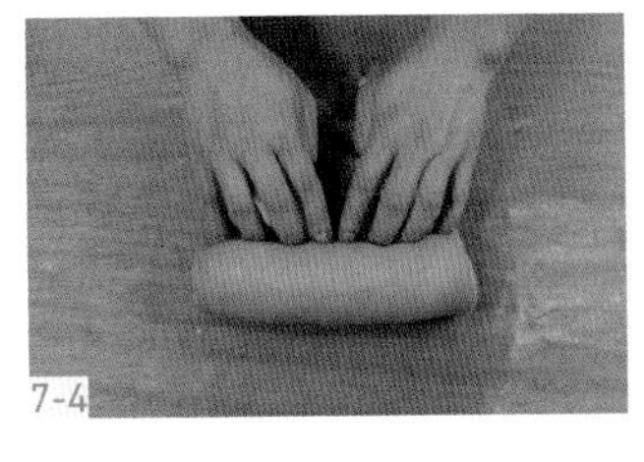
7-4

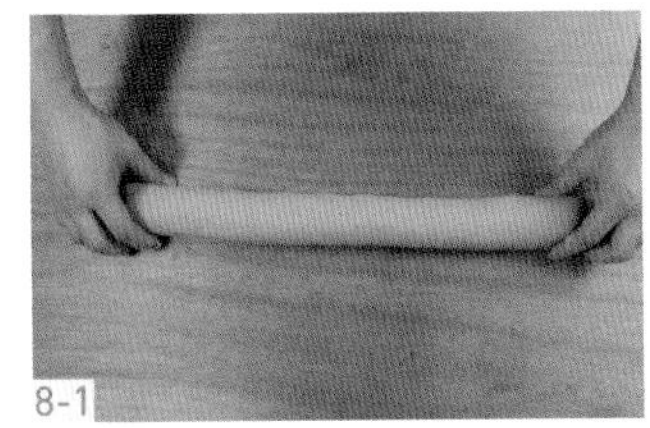
8-1

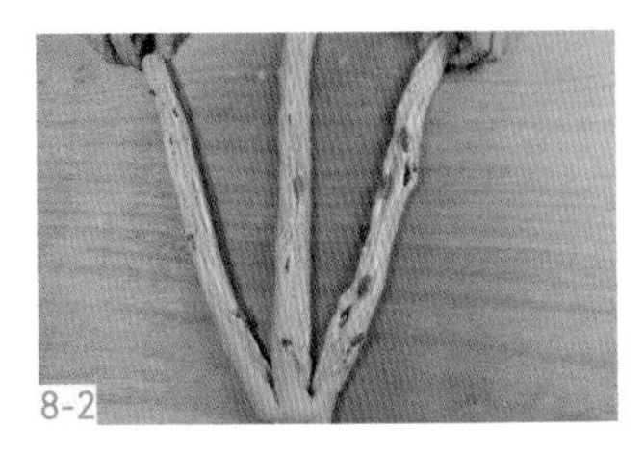
8-2

9

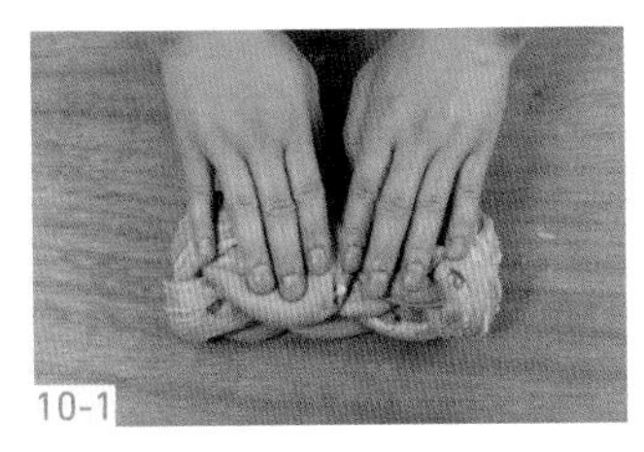
10-1

10-2

10-3

第七步：最後發酵

11 放入發酵箱中，發酵溫度34℃，相對濕度78%，發酵約70分鐘，至模具八分滿。

第八步：烤前裝飾

12 取出，表面塗抹蛋液，放適量的杏仁片裝飾。

第九步：烘烤

13 放入烤箱，以上火160℃、下火200℃，烘烤約30分鐘。烘烤後取出，輕震模具，倒扣出麵團置於冷卻架上冷卻即可。

11

12

13

03 PART 油炸麵包

霜淇淋甜甜圈

製作數量：15個。

產品介紹：霜淇淋和甜甜圈營造出「冰火兩重天」之感，同時又借霜淇淋的甜味來緩解甜甜圈的甜膩，顏值高口味好，深受大家的喜歡。

掃碼觀看製作視頻

材料

霜淇淋餡

材料	份量
鮮奶油	200克
牛奶	50克
蛋黃	30克
細砂糖	30克
香草精	適量
白蘭姆酒	適量

油炸後加工

材料	份量
香草糖	適量
霜淇淋餡	適量
新鮮水果	適量

主麵團

材料	份量
高筋麵粉	400克
低筋麵粉	100克
細砂糖	50克
奶粉	8克
乾酵母	5克
雞蛋	50克
水	260克
香草精	適量
食鹽	6克
奶油	40克

第一步：製作霜淇淋餡

1 將蛋黃、細砂糖放入容器拌勻，倒入煮沸的牛奶拌勻，倒回奶鍋中小火煮至黏稠。取出冷藏備用。

2 將鮮奶油打發，加入冷藏後步驟1的材料中，加入香草精、白蘭姆酒拌勻，裝入擠花袋冷藏備用。

1-1

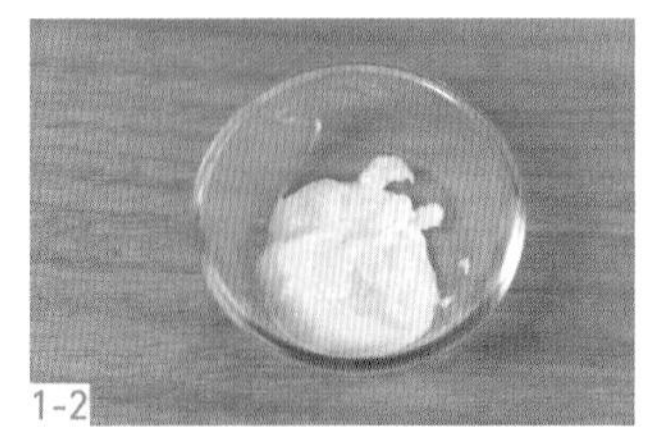
1-2

2-1

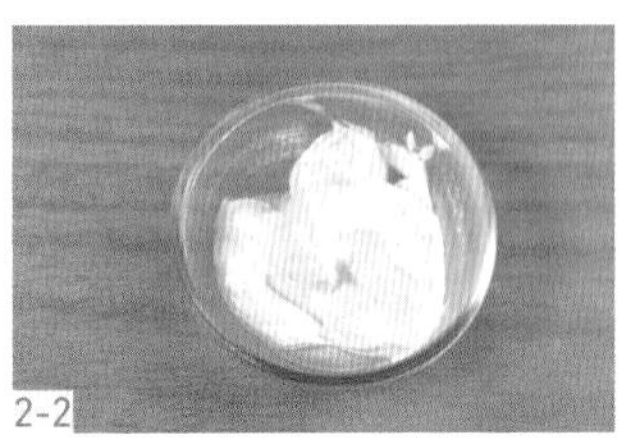
2-2

第二步：攪拌

3 除食鹽、奶油外，所有主麵團食材倒入攪拌桶中攪拌至厚膜，加入食鹽、奶油攪拌至完全擴展。

（具體可參考直接法麵團攪拌流程製作。）

第三步：初次醒發

4 取出，稍作滾圓，蓋上保鮮膜室溫醒發20分鐘。

第四步：分割，滾圓

5 醒發後分割成60克/個，滾圓。蓋上保鮮膜醒發15分鐘。

3

4

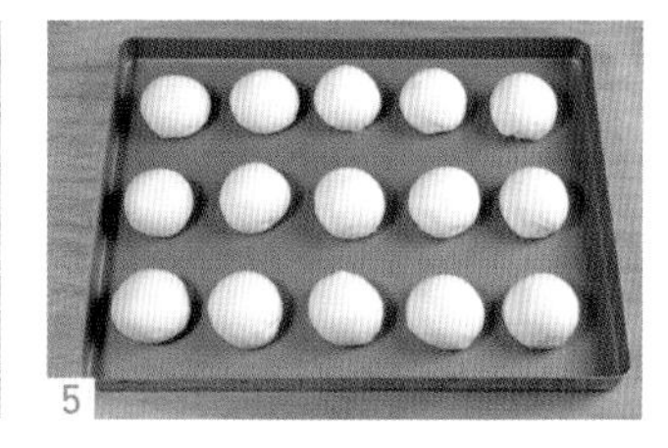
5

第五步：整型

6 取出，放置於桌面上，用擀麵棍將其擀開，捲成30公分長的長條狀，兩頭稍尖。

7 雙手在麵團的兩端，一邊往上搓，一邊往下搓。兩頭黏合，形成螺旋狀。移至烤盤。

第六步：最後發酵

8 放入發酵箱，發酵溫度32℃，相對濕度75%，發酵約60分鐘，至1.5倍大。

第七步：油炸

9 將油鍋預熱至170℃，放入發酵好的麵團，油炸至兩面金黃。

第八步：油炸後裝飾

10 取出，兩面裹上香草糖冷卻。

11 用鋸齒刀在側面劃開但不切斷。

12 在切口擠上霜淇淋餡，放上水果裝飾即可。

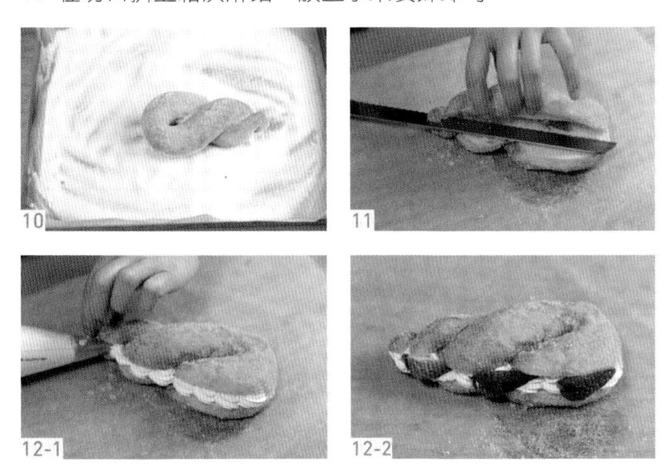

柏林人麵包

製作數量：15個。

產品介紹：柏林人麵包屬於德國麵包，外表酥硬，裡面卻又嚼勁十足，吃起來會覺得口感平淡無奇，回味讓人越來越喜歡，外觀是圓形的油炸麵包，表面黏少許香草糖，麵包裡面會添加不同的果醬，讓人很有食欲。

材料

卡士達草莓餡

牛奶……250克
細砂糖……25克
雞蛋……25克
玉米澱粉……20克
草莓果醬……50克

主麵團

高筋麵粉……400克
低筋麵粉……100克
細砂糖……50克
奶粉……8克
乾酵母……5克
雞蛋……50克
水……260克
香草精……適量
食鹽……6克
奶油……40克

表面裝飾

香草糖……適量

操作步驟

第一步：製作卡士達草莓餡

1 將細砂糖、雞蛋、玉米澱粉拌勻，加入煮開的牛奶拌勻。

2 倒回奶鍋中繼續加熱至黏稠，加入草莓果醬拌勻，放入冰箱冷藏備用。

第二步：攪拌

3 除食鹽、奶油外，所有主麵團食材倒入攪拌桶中攪拌至厚膜，加入食鹽、奶油攪拌至完全擴展。

（具體可參考直接法麵團攪拌流程製作。）

1

2

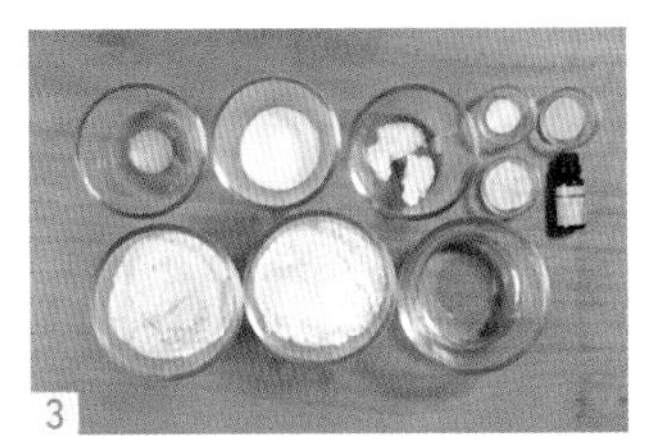
3

第三步：初次醒發

4 取出，稍作滾圓，蓋上保鮮膜室溫醒發20分鐘。

第四步：分割，滾圓

5 醒發後分割成60克/個，滾圓，蓋上保鮮膜繼續醒發15分鐘。

（麵團分割時可使用適量的油脂或麵粉來防止麵團黏手。）

第五步：整型

6 取出，放置於桌面上，用手輕拍排氣，再次滾圓，黏合底部。移至烤盤上，用手掌按扁。

（如果麵團太圓，油炸時容易上下翻動，十分不穩定，因此要將麵團壓成圓餅狀。）

第六步：最後發酵

7 放入發酵箱中，發酵溫度32℃，相對濕度75%，發酵約40分鐘，至1倍大。用竹籤在麵團表面扎一個小洞。

（發酵過度時，麵團表面容易產生氣泡，油炸時麵團中的氣泡部分容易膨脹破裂。）

第七步：油炸

8 油鍋預熱至160℃，放入麵包，油炸至兩面金黃。

（油炸時要反復翻轉，將麵包炸成較為均勻的顏色。）

第八步：油炸後裝飾

9 取出，兩面裹上香草糖冷卻。

10 在側面用竹籤扎1個較大的洞。擠入適量的卡士達草莓餡。

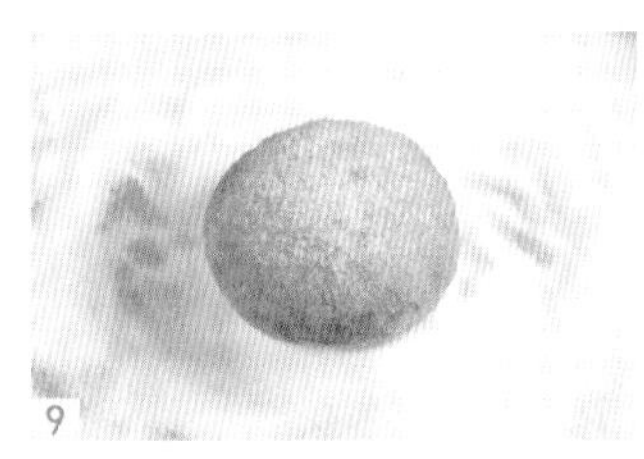

紅豆炸包

製作數量：15個。

產品介紹：紅豆炸包外形焦黃，有顏值。餡料是滿滿的紅豆，香甜綿軟，口感豐富，甜而不膩，十分有滿足感。

掃碼觀看製作視頻

中種麵團

高筋麵粉……200克
乾酵母……2克
牛奶……270克

內餡

紅豆餡……適量

表面裝飾

蛋白……適量
白芝麻……適量

主麵團

高筋麵粉……300克
細砂糖……50克
蛋黃……50克
水……10克
乾酵母……3克
中種麵團……470克
食鹽……6克
檸檬屑……0.3克
香草精……適量
奶油……50克

★須提前製作好中種麵團，並冷藏發酵6小時。

1 2 3 4-1 4-2 5-1 5-2 6 7-1 7-2

第一步：攪拌

1 除食鹽、奶油外，所有主麵團食材倒入攪拌桶中攪拌至厚膜，加入食鹽、奶油攪拌至完全擴展。

（具體可參考中種麵團攪拌流程製作。）

第二步：初次醒發

2 取出，稍作滾圓，蓋上保鮮膜室溫醒發15分鐘。

第三步：分割，滾圓

3 醒發後分割成60克/個，滾圓，繼續醒發15分鐘。

第四步：整型

4 取出，放置於桌面上，用手輕拍排氣，包入適量的紅豆餡，底部黏合。用手掌按壓成稍扁平的圓形，移至烤盤上。

5 表面刷上蛋白，裹上1層白芝麻。

第五步：最後發酵

6 放入發酵箱，發酵溫度32℃，相對濕度75%，發酵約50分鐘，至1.5倍大。用竹籤在麵團表面扎1個小洞。

（扎洞可以防止油炸時膨脹過快，導致麵包變形，影響美觀性。）

第六步：油炸

7 油鍋預熱至160℃，放入麵團，油炸至兩面金黃即可。

咖哩牛肉麵包

製作數量：15個。

產品介紹：咖哩牛肉麵包表面的麵包糠，烤得酥脆，包裹著濃郁的咖哩牛肉醬，咬一口，醬汁在嘴裡面蔓延開，你會馬上愛上這種感覺，愛不釋手。

掃碼觀看製作視頻

材料

咖哩牛肉餡

洋蔥粒..............50克
牛肉粒............150克
熟馬鈴薯粒.....350克
熟胡蘿蔔粒.....100克
咖哩塊............100克
奶油..................20克
食鹽....................5克
水.................... 適量

中種麵團

高筋麵粉 200克
乾酵母................2克
牛奶................270克

主麵團

高筋麵粉 300克
細砂糖..............50克
蛋黃..................50克
水.....................10克
中種麵團 470克
乾酵母................3克
食鹽....................6克
檸檬屑.............0.3克
香草精.............. 適量
奶油..................50克

表面裝飾

蛋白.................. 適量
麵包糠.............. 適量

★ 須提前製作好中種麵團，並冷藏發酵6小時。

第一步：製作咖哩牛肉餡

1 提前將馬鈴薯、胡蘿蔔切粒，蒸熟。將洋蔥、牛肉切粒，其他材料稱好備用。

2 在炒鍋中放入奶油、洋蔥粒翻炒至炒出香味，加入牛肉粒、馬鈴薯粒、胡蘿蔔粒繼續翻炒。

3 加入咖哩塊，再加入適量的水、食鹽燜煮至團狀。取出放入容器，冷卻至常溫備用。

（內部有點空心是餡料內含的水分在油炸時產生水蒸氣撐起麵團。）

1

2

3

第二步：攪拌

4 除食鹽、奶油外，所有主麵團食材倒入攪拌桶中攪拌至厚膜，加入食鹽、奶油攪拌至完全擴展。

（具體可參考中種麵團攪拌流程製作。）

第三步：初次醒發

5 取出，稍作滾圓，蓋上保鮮膜室溫醒發20分鐘。

第四步：分割，滾圓

6 醒發後分割成60克/個，滾圓，蓋上保鮮膜繼續醒發15分鐘。

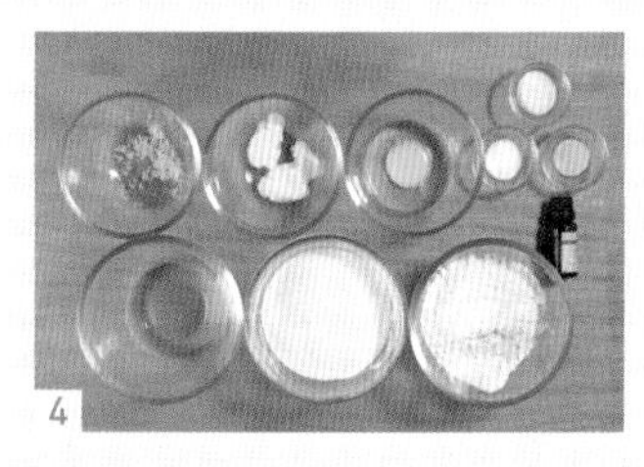
4

5

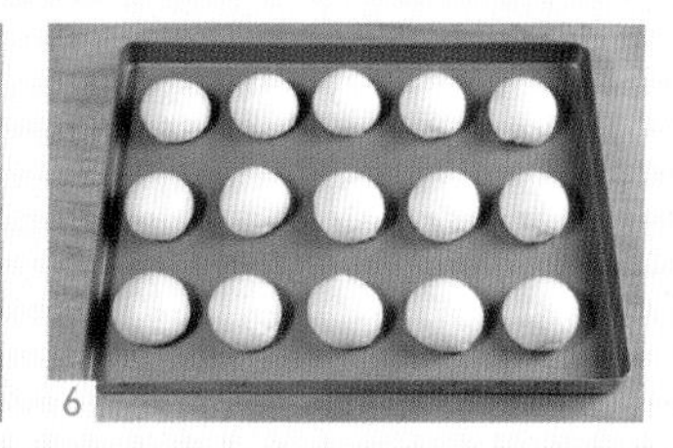
6

第五步：整型

7 取出，放置於桌面上，用手輕拍排氣，粗糙面朝上，放上適量的咖哩牛肉餡，將其包裹成橄欖形。

8 麵團表面沾蛋白，黏黏1層麵包糠，移至烤盤。

7-1

7-2

7-3

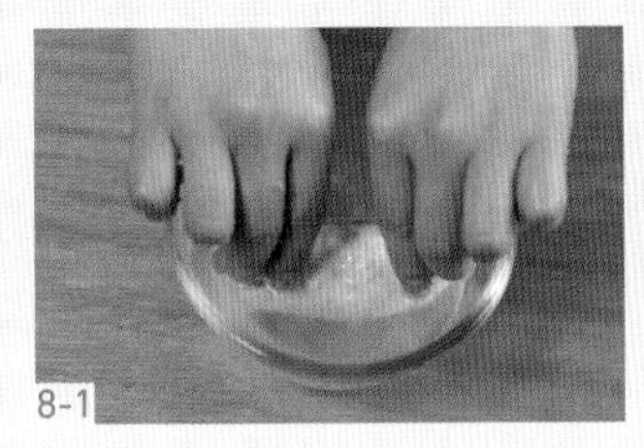
8-1

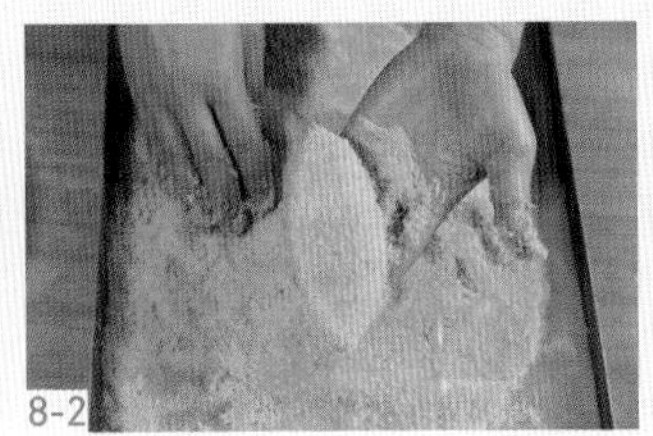
8-2

8-3

第六步：最後發酵

9 放入發酵箱，發酵溫度32℃，相對濕度75%，發酵約50分鐘，至1.5倍大後取出，用竹籤在麵團表面扎3個小孔。

（防止油炸時膨脹過快，導致麵包變形，影響美觀性。）

第七步：油炸

10 油鍋預熱至170℃，放入麵包油炸至兩面金黃。

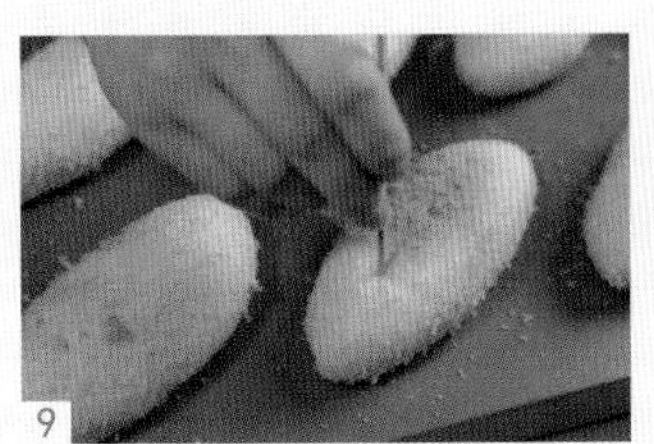
9

10-1

10-2

The museum has been
for a security study sin
after the theft. Thereh
no sign of the painting
to a long list of measures the
have helped
Mexico as he retraced

香草甜甜圈

掃碼觀看製作視頻

製作數量：18個。

產品介紹：香草甜甜圈是超級鬆軟的美式甜甜圈，口感香甜鬆軟，充分體現了奶香和蛋香味，造型圓圓可愛，是非常有特色的油炸麵包種類。

材料

主麵團

高筋麵粉……400克	雞蛋……50克
低筋麵粉……100克	水……260克
細砂糖……50克	香草精……適量
奶粉……8克	食鹽……6克
乾酵母……5克	奶油……40克

表面裝飾

香草糖……適量

操作步驟

第一步：攪拌

1 除食鹽、奶油外，所有主麵團食材倒入攪拌桶中攪拌至厚膜，加入食鹽、奶油攪拌至完全擴展。

（具體可參考直接法麵團攪拌流程製作。）

第二步：初次醒發

2 取出，稍作滾圓，蓋上保鮮膜室溫醒發20分鐘。

第三步：分割，滾圓

3 醒發後分割成50克/個，滾圓，蓋上保鮮膜繼續醒發15分鐘。

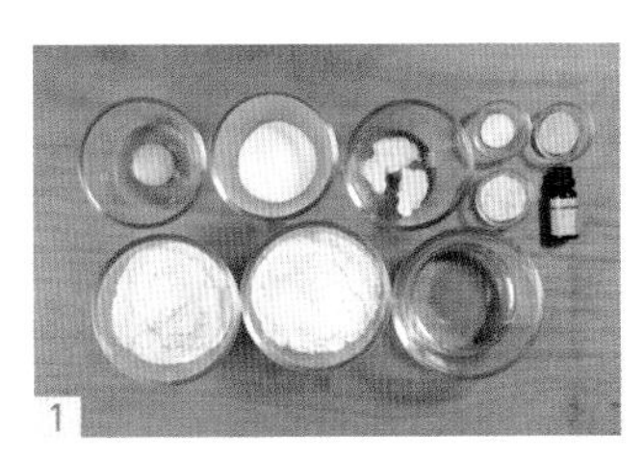
1

2

3

第四步：整型

4　取出，放置於桌面上，用手輕拍排氣，用擀麵棍將其擀開，捲成圓柱形，醒發5分鐘。

5　醒發後將其搓成22公分長。

6　黏合部分朝上，將麵團約2公分長的邊緣用擀麵棍擀開。

7　另一端放置在擀開的部位上，包裹黏合起來，形成甜甜圈狀，移至烤盤。

第五步：最後發酵

8　放入發酵箱，發酵溫度32℃，相對濕度75%，發酵約50分鐘，至1.5倍大。

第六步：油炸

9　油溫加熱至170℃，放入麵團油炸至兩面金黃。

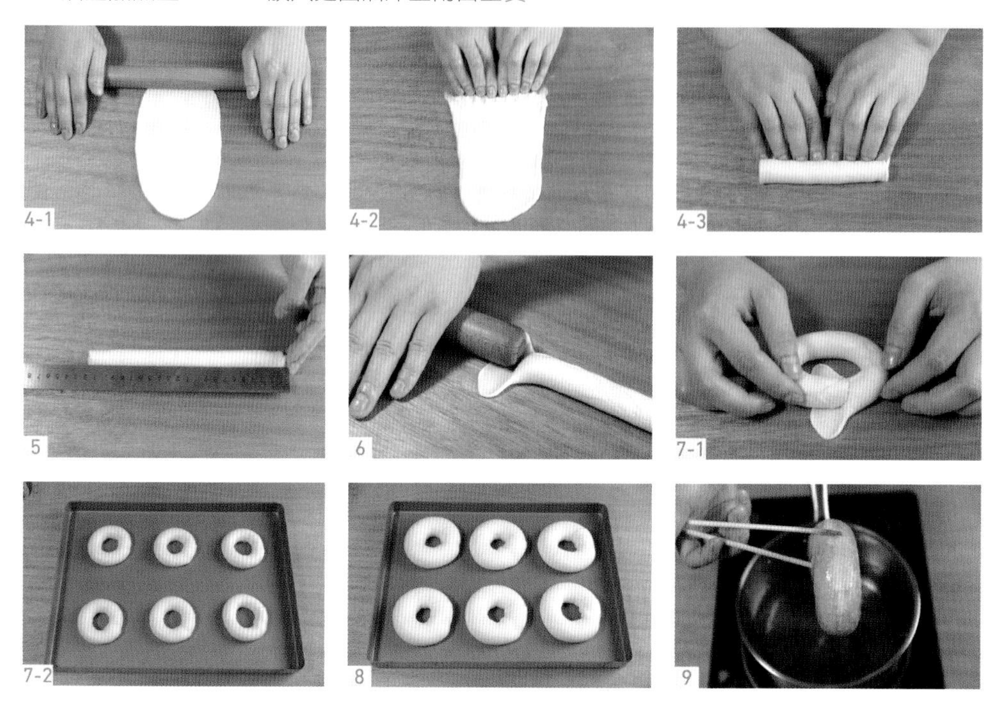

4-1　4-2　4-3　5　6　7-1　7-2　8　9

第七步：油炸後裝飾

10 待冷卻後兩面裹上香草糖。

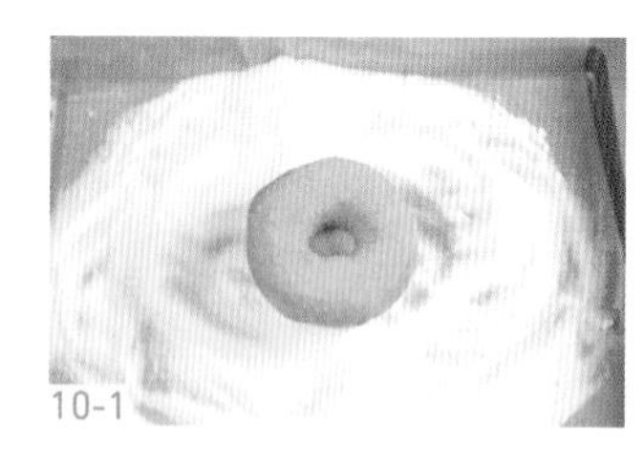

10-1

10-2

草莓巧克力甜甜圈

製作數量：18個。

產品介紹：草莓巧克力甜甜圈是一款養眼顏值高的產品，不僅外形漂亮，更有濃郁的巧克力味，材料中的草莓中和甜度，減輕了油膩感。

掃碼觀看製作視頻

材料

主麵團

高筋麵粉……400克
低筋麵粉……100克
細砂糖……50克
奶粉……8克
乾酵母……5克
雞蛋……50克
水……260克
香草精……適量
食鹽……6克
奶油……40克

表面裝飾

白巧克力……100克
凍乾草莓粒……40克

第一步：攪拌

1　除食鹽、奶油外，所有主麵團食材倒入攪拌桶中攪拌至厚膜，加入食鹽、奶油攪拌至完全擴展。

（具體可參考直接法麵團攪拌流程製作。）

第二步：初次醒發

2　取出，稍作滾圓，蓋上保鮮膜室溫醒發20分鐘。

第三步：分割，滾圓

3　醒發後分割成50克/個，滾圓，蓋上保鮮膜繼續醒發15分鐘。

1

2

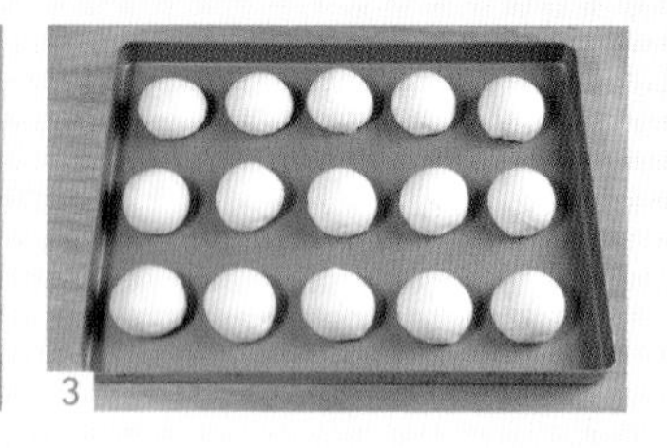
3

第四步：整型

4　取出，放置於桌面上，用手輕拍排氣，用擀麵棍將其擀開，捲成圓柱形，醒發5分鐘。

5　醒發後將其搓成22公分長。

6　黏合部分朝上，將麵團約2公分長的邊緣用擀麵棍擀開。

7　另一端放置在擀開的部位上，包裹黏合起來，形成甜甜圈狀，移至烤盤。

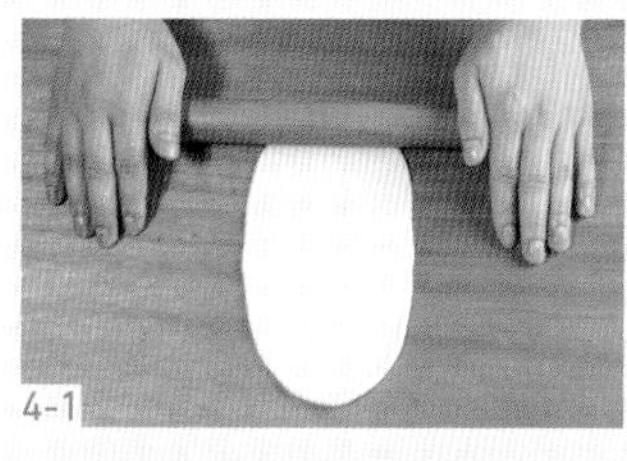
4-1

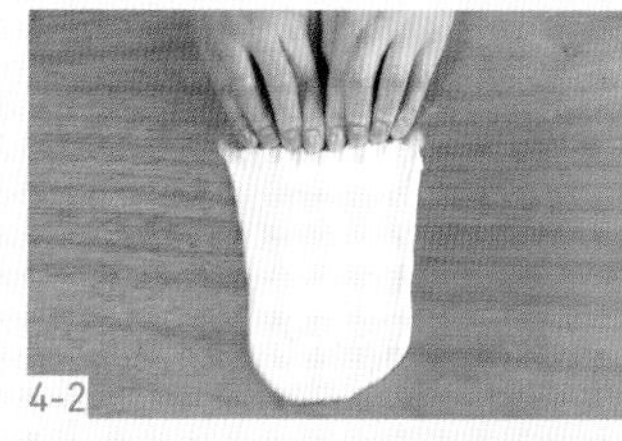
4-2

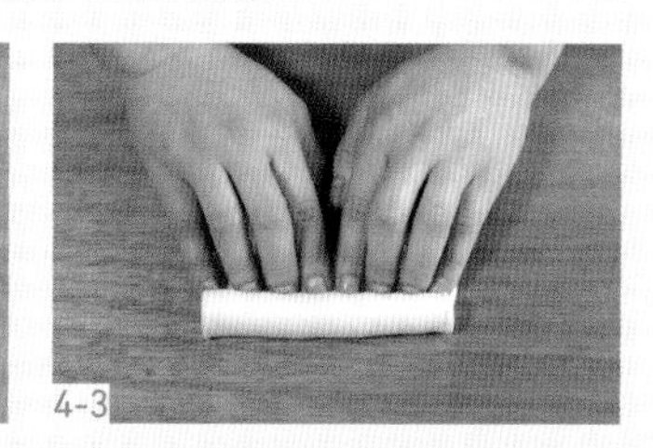
4-3

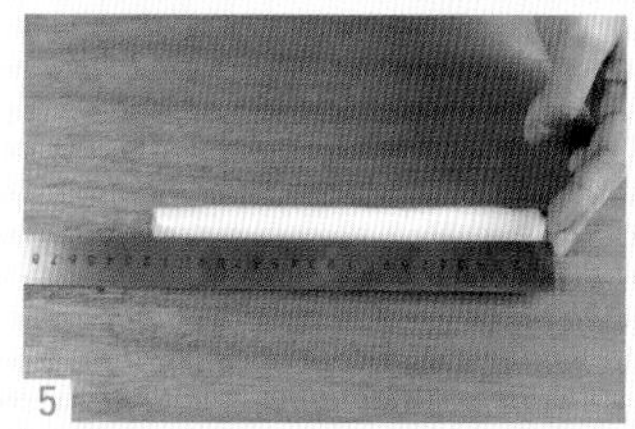
5

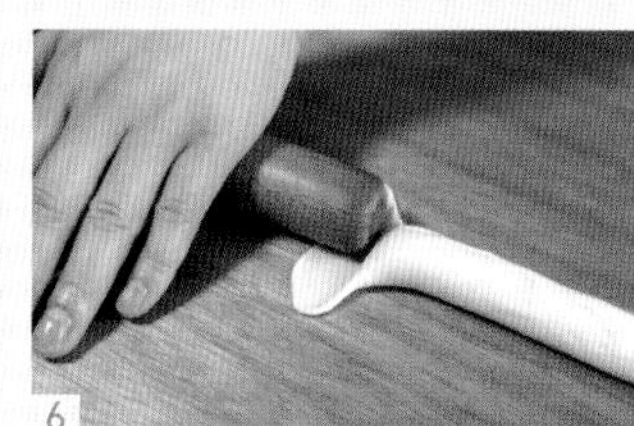
6

7-1

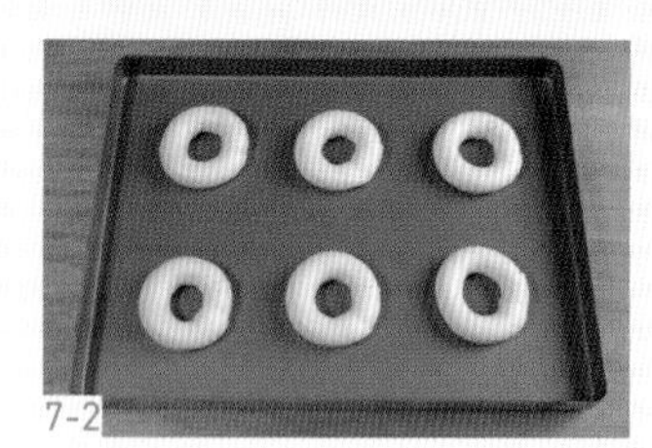
7-2

第五步：最後發酵

8 放入發酵箱，發酵溫度32℃，相對濕度75%，發酵約50分鐘，至1.5倍大。

第六步：油炸

9 油溫加熱至170℃，放入麵團油炸至兩面金黃。

第七步：油炸後裝飾

10 將白巧克力加熱融化，倒入凍乾草莓粒，混合均勻。

11 淋在冷卻好的麵包上。

04 PART 比薩

波隆那多肉醬比薩

製作數量：5個。

產品介紹：來自波隆那多的番茄肉醬，酸鹹的口感讓人著迷。獨特風味的水乳酪，經過高溫後變得脆香四溢。

掃碼觀看製作視頻

材料

液種麵團

高筋麵粉 150克
水 150克
乾酵母 1.5克

主麵團

高筋麵粉 350克
水 220克
食鹽 14克
液種麵團 300克
橄欖油 20克

表面裝飾

波隆那多肉醬 ... 適量
水乳酪 .... 適量
迷迭香 .... 適量

＊須提前製作好液種麵團，並冷藏發酵8小時。

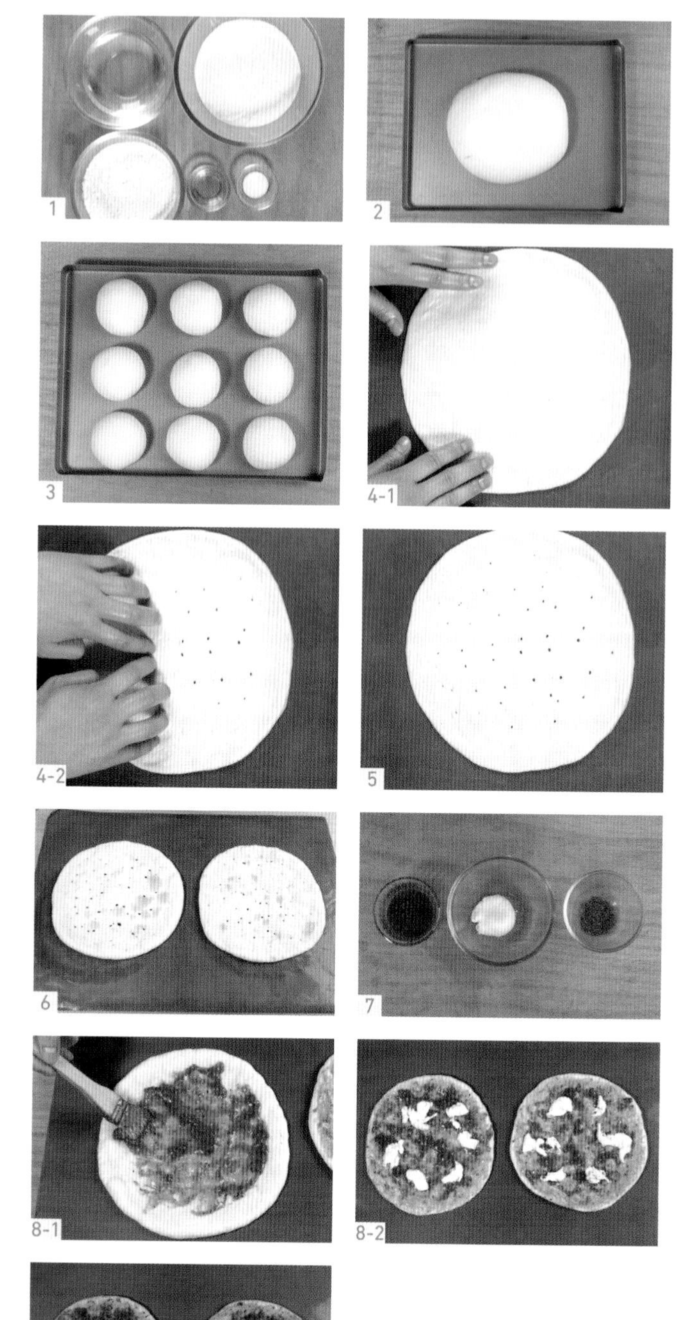

第一步：攪拌

1 除橄欖油外，所有主麵團食材倒入攪拌桶中攪拌至厚膜，加入橄欖油至完全擴展。
（具體可參考液種麵團攪拌流程製作。）

第二步：初次醒發

2 取出，稍作滾圓，蓋上保鮮膜室溫醒發30分鐘。

第三步：分割，滾圓

3 分割成180克/個，滾圓，蓋上保鮮膜繼續醒發30分鐘。

第四步：整型

4 取出，放置於高溫布上，用手指按壓成圓餅狀，尺寸為10寸蛋糕模具大小。並用手指輕戳出小洞。
（不需要排氣，保留原有的氣體風味更佳。）

第五步：最後發酵

5 放入發酵箱，發酵溫度34℃，相對濕度75%，發酵15分鐘。

第六步：初次烘烤

6 取出，放入烤箱上火230℃、下火210℃，烘烤約8分鐘取出。

第七步：烤後裝飾

7 提前將水乳酪撕成薄片備用。

8 取出麵包，稍待冷卻後表面均勻塗抹波隆那多肉醬，放上水乳酪，撒適量迷迭香。

第八步：再次烘烤

9 移至烤箱，以上火230℃、下火210℃，烘烤約7分鐘，烤至金黃色。

海鮮比薩

製作數量：5個。

產品介紹：海鮮比薩每一個角落都藏滿了餡料，海鮮與起司的甜香交融，喜歡吃海鮮的朋友千萬不能錯過。

掃碼觀看製作視頻

材料

液種麵團

- 高筋麵粉 150克
- 水 150克
- 乾酵母 1.5克

主麵團

- 高筋麵粉 350克
- 水 200克
- 食鹽 14克
- 液種麵團 300克
- 橄欖油 20克

表面裝飾

- 波隆那多肉醬 ... 適量
- 乳酪絲 .... 適量
- 蟹柳 .... 適量
- 鱈魚罐頭 .... 適量
- 玉米粒 .... 適量
- 去殼蝦仁 .... 適量
- 魷魚鬚 .... 適量

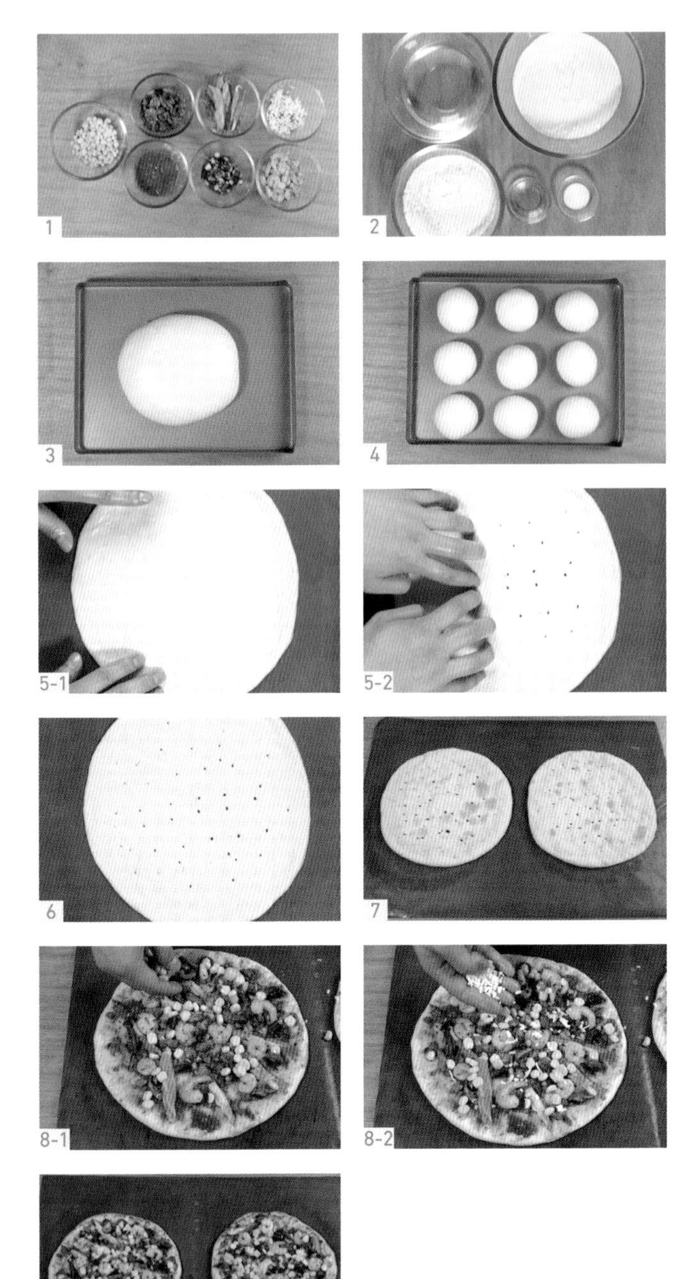

第一步：準備工作

1 提前將蟹柳撕成絲，去殼蝦仁、魷魚鬚煎熟，準備好其餘食材。

第二步：製作麵團

2 除橄欖油外，所有主麵團食材倒入攪拌桶中攪拌至厚膜，加入橄欖油攪拌至完全擴展。

（具體可參考液種麵團攪拌流程製作。）

第三步：初次醒發

3 取出，稍作滾圓，蓋上保鮮膜室溫醒發30分鐘。

第四步：分割，滾圓

4 分割成180克/個，滾圓，蓋上保鮮膜繼續醒發30分鐘。

第五步：整型

5 取出，放置於高溫布上，用手指按壓成圓餅狀，尺寸為10寸蛋糕模具大小。並用手指輕戳出小洞。

（不需要排氣，保留原有的氣體風味更佳。）

第六步：最後發酵

6 放入發酵箱，發酵溫度34℃，相對濕度75%，發酵15分鐘。

第七步：初次烘烤

7 取出，放入烤箱上火230℃、下火210℃，烘烤約8分鐘。

第八步：烤後裝飾

8 取出，待冷卻後表面均勻塗抹波隆那多肉醬，依次放入蟹柳、鱈魚罐頭、去殼蝦仁、魷魚鬚、玉米粒、乳酪絲。

第九步：再次烘烤

9 移至烤箱，以上火230℃、下火210℃，烘烤約9分鐘，至金黃色。

馬鈴薯燻雞培根比薩

製作數量：5個。

產品介紹：馬鈴薯燻雞培根比薩，馬鈴薯軟軟綿綿的，培根烤炙出一點點微焦，搭配上充滿蒜香味的雞塊，吃起來非常香。

掃碼觀看製作視頻

材料

液種麵團

高筋麵粉........150克
水..................150克
乾酵母............1.5克

主麵團

高筋麵粉........350克
水..................200克
食鹽..................14克
液種麵團........300克
橄欖油..............20克

表面裝飾

熟馬鈴薯粒....... 適量
大蒜醬.............. 適量
燻雞肉.............. 適量
乳酪絲.............. 適量
黑胡椒.............. 適量
培根.................. 適量

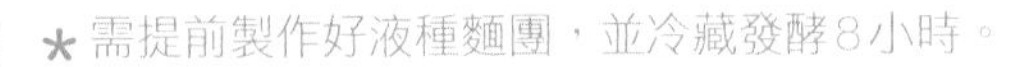

操作步驟 ★需提前製作好液種麵團，並冷藏發酵8小時。

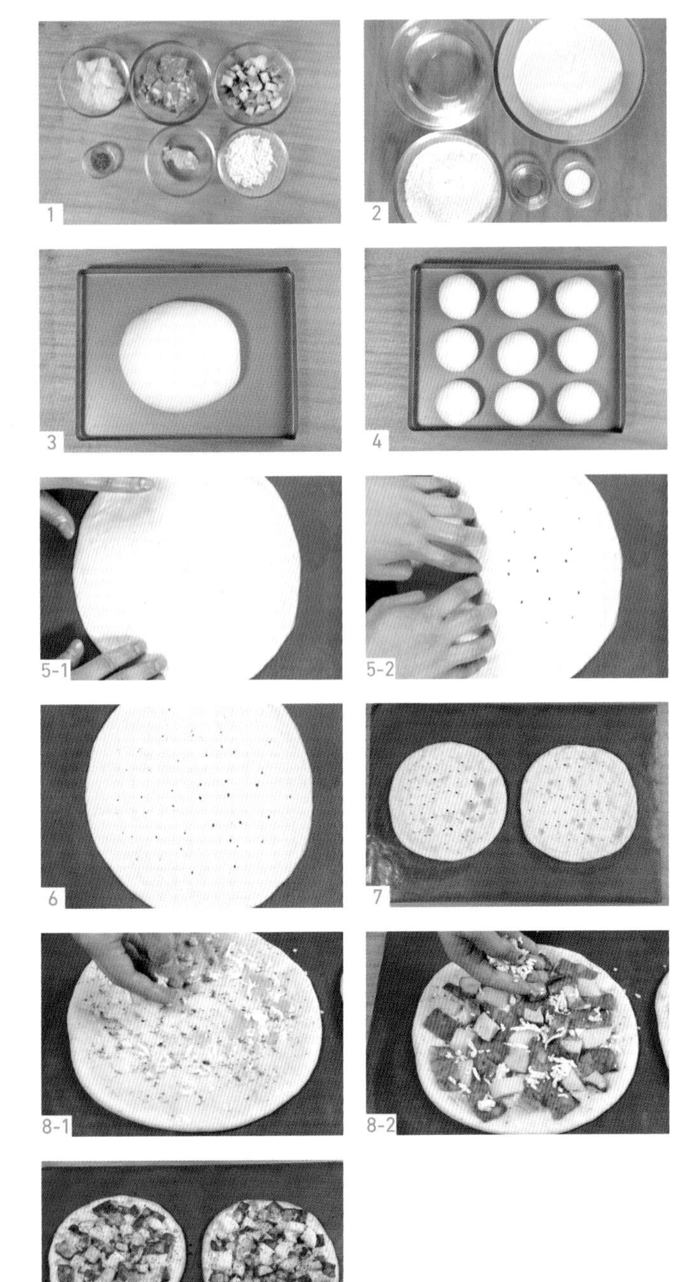

第一步：準備工作

1 將馬鈴薯切粒提前蒸熟，燻雞肉切塊，培根切段，提前煎至焦黃備用。準備好其餘食材。

第二步：攪拌

2 除橄欖油外，所有食材倒入攪拌桶中攪拌至厚膜，加入橄欖油攪拌至完全擴展。

（具體可參考液種麵團攪拌流程製作。）

第三步：初次醒發

3 取出，稍作滾圓，蓋上保鮮膜室溫醒發30分鐘。

第四步：分割，滾圓

4 分割成180克/個，滾圓，蓋上保鮮膜繼續醒發30分鐘。

第五步：整型

5 取出，放置於高溫布上，用手指按壓成圓餅狀，尺寸為10寸蛋糕模具大小。並用手指輕戳出小洞。

（不需要排氣，保留原有的氣體風味更佳。）

第六步：最後發酵

6 放入發酵箱，發酵溫度34℃，相對濕度75%，發酵15分鐘。

第七步：初次烘烤

7 取出，放入烤箱上火230℃、下火210℃，烘烤約8分鐘。

第八步：烤後裝飾

8 取出，待冷卻後表面均勻塗抹大蒜醬，依次放上乳酪絲馬鈴薯粒、培根、燻雞塊、乳酪絲、黑胡椒。

第九步：再次烘烤

9 移至烤箱，以上火230℃、下火210℃，烘烤約8分鐘至金黃色。

05
PART
三明治

起司義大利麵三明治

掃碼觀看製作視頻

材料

起司義大利麵三明治

原味吐司片.........1片
義大利麵..........50克
起司片................1片
白醬.................. 適量
吐司浸泡液....... 適量
綠花椰菜.......... 適量
牛肉粒................4粒
小番茄................2個
奶油....................5克

白醬

奶油..................15克
低筋麵粉..........15克
牛奶................250克
食鹽.................. 適量
黑胡椒.............. 適量
迷迭香.............. 適量

吐司浸泡液

雞蛋..................50克
牛奶................100克

1

第一步：製作吐司浸泡液

1　將吐司浸泡液食材拌勻備用。

第二步：製作白醬

2　將奶油放入鍋中小火融化，加入低筋麵粉攪拌成團。

3　加入牛奶、食鹽、黑胡椒、迷迭香拌勻，小火邊煮邊攪拌至黏稠，備用。

2

3-1

3-2

第三步：製作三明治

4　將吐司片放入吐司浸泡液中浸泡3秒。

5　鍋中放入5克奶油，放入浸泡後的吐司片煎至兩面金黃色。取出備用。

6　將綠花椰菜、牛肉粒、小番茄放入炒鍋中煎至微焦備用。義大利麵放入沸水中煮10分鐘，撈出瀝乾水分。準備好其餘食材。

7　煮好的義大利麵加入白醬、起司片拌勻備用。

8　將煎好的吐司片放入盒子中，依次放入義大利麵、牛肉粒、綠花椰菜、小番茄。

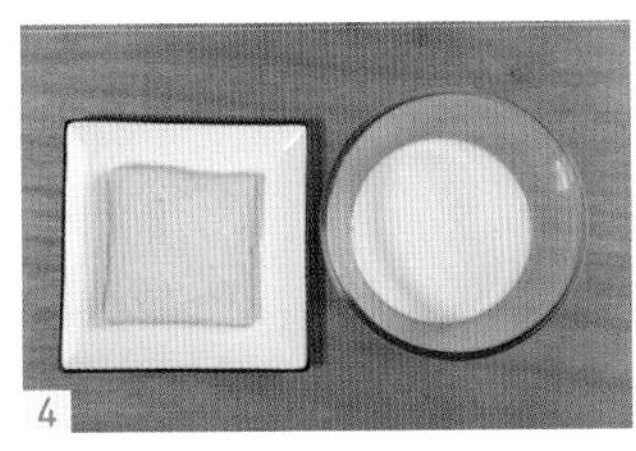
4

5

6

7

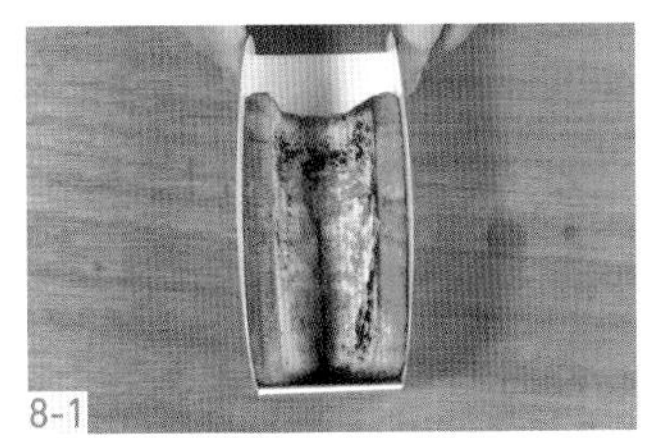
8-1

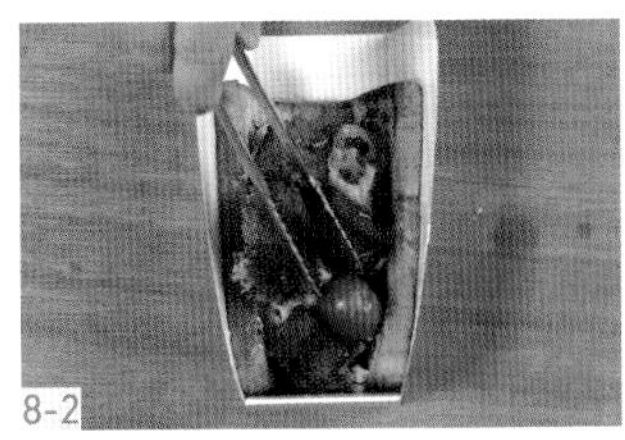
8-2

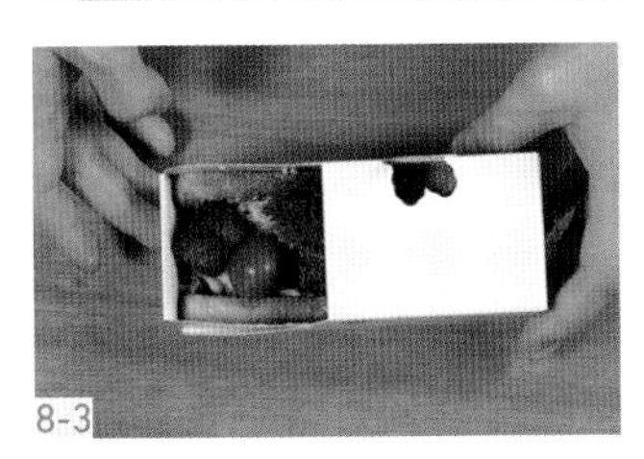
8-3

滑蛋熱狗三明治

掃碼觀看製作視頻

材料

滑蛋熱狗三明治

- 原味吐司片……1片
- 滑蛋……適量
- 培根……1片
- 熱狗腸……1根
- 番茄醬……適量
- 沙拉醬……適量
- 萵苣……1片
- 吐司浸泡液（P100）……適量
- 奶油……5克

滑蛋

- 雞蛋……50克
- 鮮奶油……20克
- 牛奶……20克
- 馬蘇里拉乳酪……10克
- 黑胡椒……適量
- 食鹽……適量
- 奶油……10克

操作步驟

第一步：製作滑蛋

1 除奶油外，將所有滑蛋食材放入容器中拌勻成蛋液。

2 鍋中放入奶油，倒入調好的蛋液煎成厚蛋，備用。

1

2-1

2-2

第二步：製作三明治

3 將吐司片放入吐司浸泡液中浸泡3秒。

4 鍋中放入5克奶油，放入浸泡後的吐司片煎至兩面金黃色。取出備用。

5 將培根、熱狗腸放入鍋中煎至微焦，準備好其餘食材。

6 將煎好的吐司片放入盒子中，依次放上萵苣、滑蛋、培根、熱狗腸。擠上番茄醬、沙拉醬。

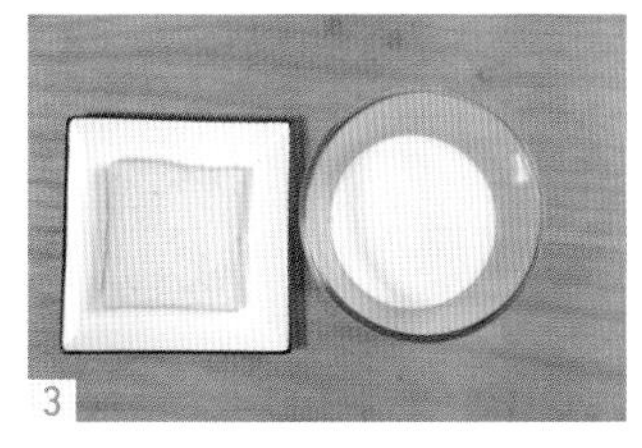

3

4

5

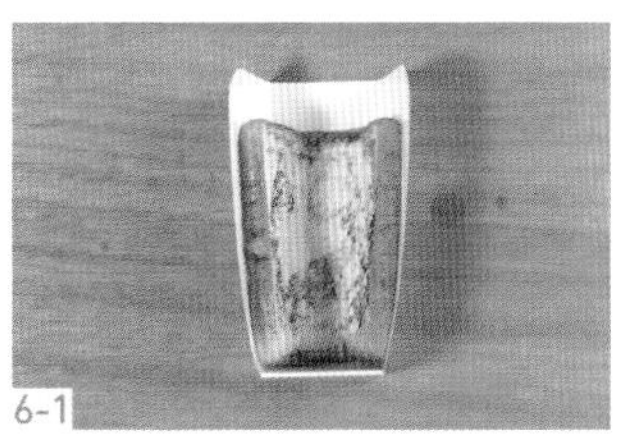

6-1

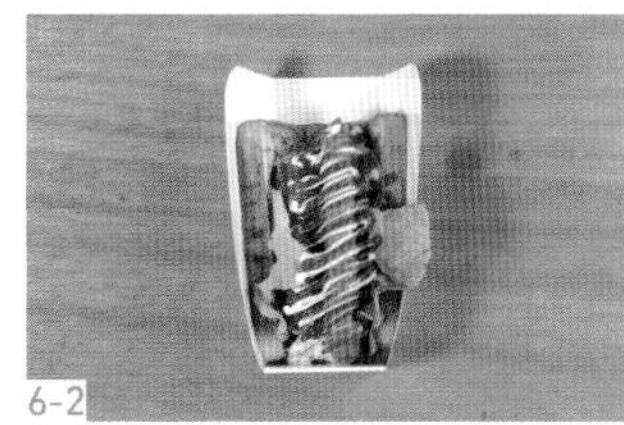

6-2

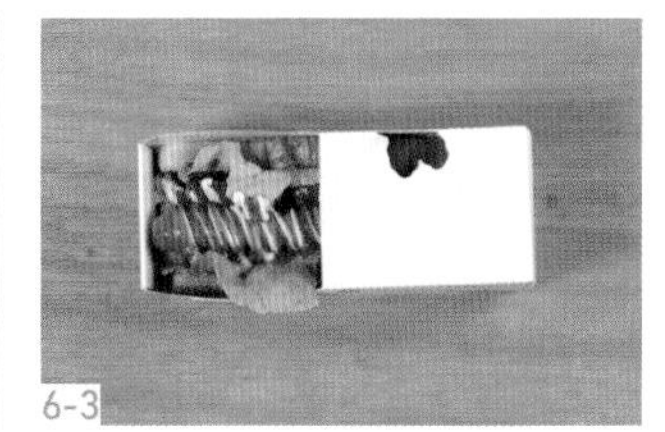

6-3

不管

滑蛋蟹柳蝦仁三明治

掃碼觀看製作視頻

原味吐司片……1片	蟹柳……30克
萵苣……1片	蛋黃芥末醬……適量
去殼蝦仁……6個	吐司浸泡夜（P100）……適量
黑胡椒粉……適量	奶油……5克
滑蛋（P103）……適量	

1 將吐司片放入吐司浸泡液中浸泡3秒。
2 鍋中放入5克奶油，放入浸泡後的吐司片煎至兩面金黃色。取出備用。
3 去殼蝦仁、蟹柳煎至兩面微焦，撒上黑胡椒粉，備用。準備好其餘食材。
4 將煎好的吐司片放入盒子中，依次放上萵苣、滑蛋、蟹柳、蝦仁，擠適量蛋黃芥末醬。

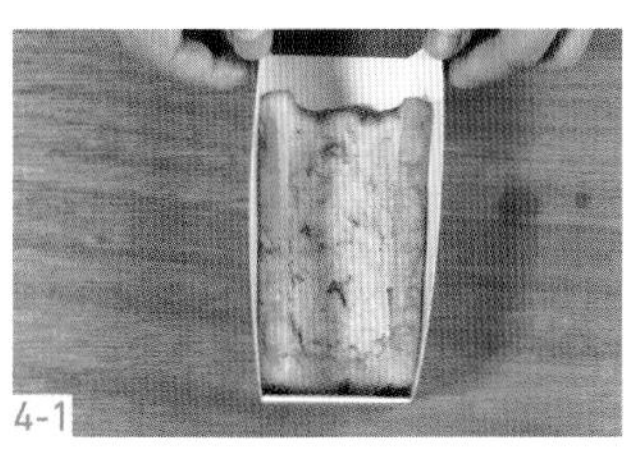

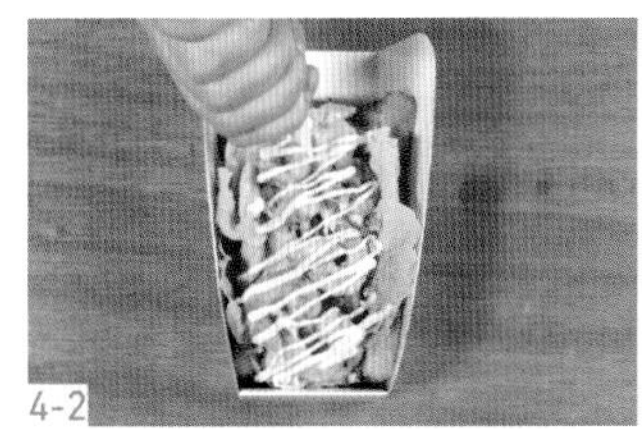

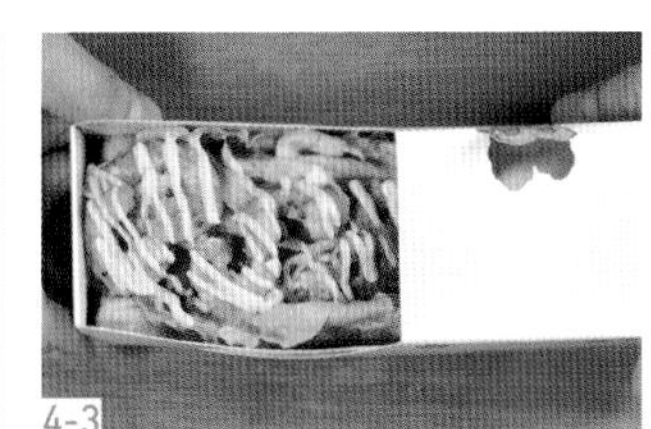

蒜香雞肉三明治

掃碼觀看製作視頻

材料

原味吐司片......1片	海苔肉鬆......適量
大蒜醬......20克	青芥沙拉醬......適量
雞肉粒......60克	吐司浸泡夜（P100）......適量
起司片......1片	奶油......5克
萵苣......1片	

操作步驟

1. 將吐司片放入吐司浸泡液中浸泡3秒。
2. 鍋中放入5克奶油，放入浸泡後的吐司片煎至兩面金黃色。取出備用。
3. 炒鍋中放入大蒜醬，放入雞肉粒，煎至微焦，準備好其餘食材。
4. 將煎好的吐司片放入包裝盒中，依次放入萵苣、起司片、海苔肉鬆、雞肉粒，再擠上青芥沙拉醬。

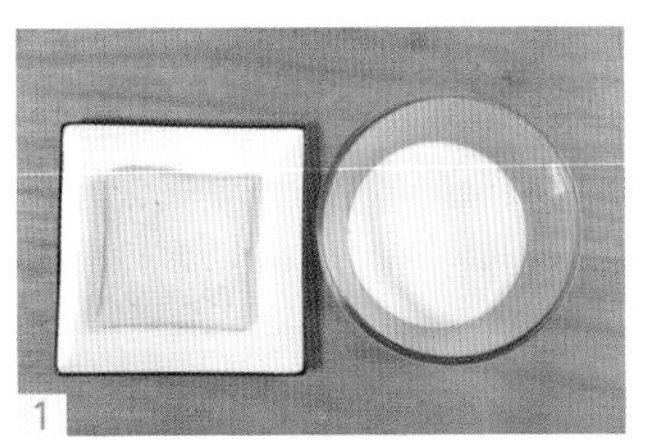

1

2

3

4-1

4-2

4-3

4-4

全麥法棍三明治

掃碼觀看製作視頻

製作數量：9個。

產品介紹：全麥法棍三明治豐富的餡料令人垂涎三尺，色彩鮮美的配料，清脆爽口的蔬菜加上醬，再配上美味的牛肉粒，讓人只想大快朵頤。

材料

液種麵團

中筋麵粉..........75克
水.....................75克
乾酵母.............0.5克

表面裝飾

混合雜糧.......... 適量

主麵團

高筋麵粉........370克
低筋麵粉........130克
水a.................320克
黑麥粉.............80克
乾酵母................2克
食鹽..................10克
液種麵團........150克
水b.................100克

烤後加工

火腿片................2片
萵苣....................1片
熟牛肉粒.......... 適量
起司片................1片
沙拉醬............. 適量
番茄醬............. 適量

操作步驟

★須提前製作好液種麵團，並冷藏發酵8小時。

第一步：攪拌

1 除食鹽、水b外，所有主麵團食材倒入攪拌桶中攪拌至厚膜，加入食鹽攪拌至薄膜，最後加入水b攪拌至完全擴展。
（具體可參考液種麵團攪拌流程製作。）

第二步：初次醒發

2 取出，稍作滾圓，放入發酵盒中室溫醒發60分鐘。

第三步：分割，滾圓

3 桌面撒適量麵粉，將醒發好的麵團倒扣在桌面上，分割成120克/個，折疊滾圓。放置於室溫醒發60分鐘。

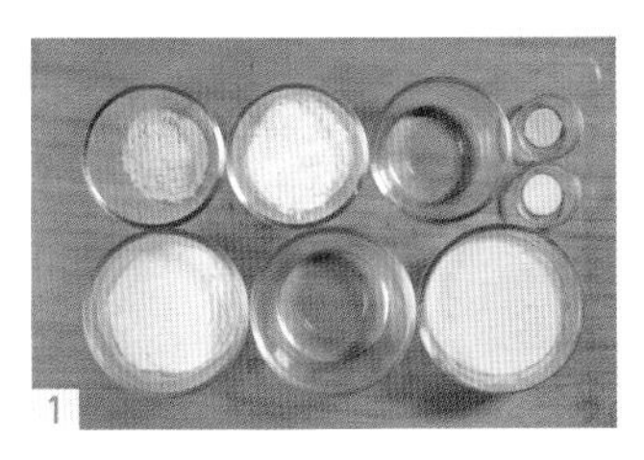

1

2

3

第四步：整型

4　取出，手掌輕拍排氣，粗糙面朝上。

5　先折疊2/3，再折疊1/3，用手掌將邊緣黏合。將其輕搓至中寬邊細，長約15公分長的長棍形。

第五步：發酵前裝飾

6　表面噴水，裹上1層混合雜糧，移至高溫布上。

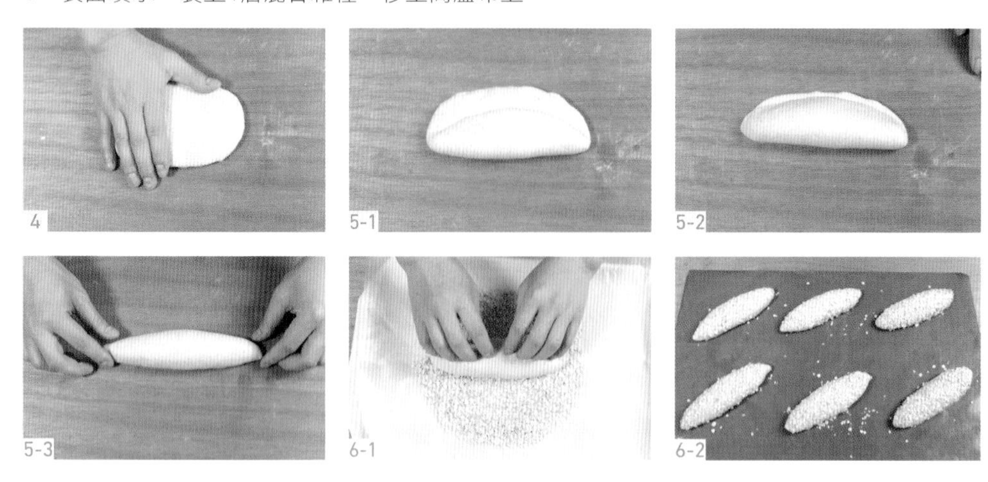

第六步：最終醒發

7　放入發酵箱，發酵溫度30℃，相對濕度70%，發酵55分鐘，至1.5倍大。

8　麵團表面用法棍劃刀劃1刀。

第七步：入爐烘烤

9　放入烤箱，蒸氣3秒，以上火220℃、下火210℃，烘烤約16分鐘至金黃色。取出移至冷卻架上冷卻。

7

8

9

第八步：烤後加工

10 冷卻後側面用鋸齒刀切割，不要切斷。

11 依次放上萵苣、起司片、火腿片、牛肉粒，擠入適量番茄醬、沙拉醬。

10

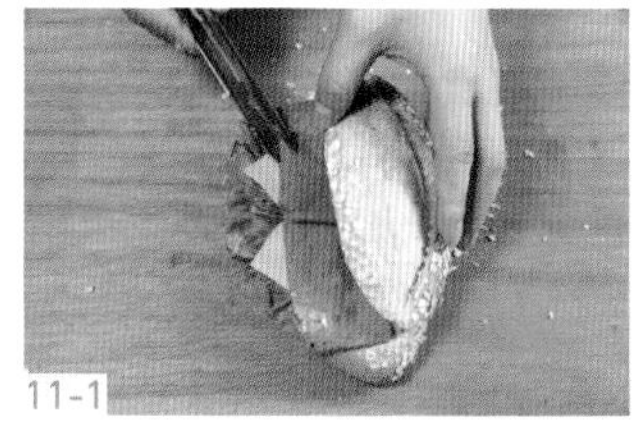
11-1

11-2

06 PART 低糖低脂麵包

果脯恰巴塔

- 製作數量：10個。
- 產品介紹：果脯恰巴塔外皮脆韌，內裡蓬鬆，口感柔軟濕潤，有著蓬鬆的大氣孔，閃著瑩潤的光澤，牙齒一咬，彈牙的嚼勁裡面透著充沛的麥香，果脯的顆粒感在舌面綻放，每咬一口都是驚豔。

掃碼觀看製作視頻

材料

液種麵團

材料	用量
高筋麵粉	170克
低筋麵粉	30克
水	200克
乾酵母	0.5克

酒漬果乾

材料	用量
葡萄乾	40克
蔓越莓乾	40克
橙皮丁	20克
芒果乾	30克
烏梅乾	30克
蘭姆酒	適量

主麵團

材料	用量
高筋麵粉	250克
低筋麵粉	50克
水a	180克
乾酵母	2克
液種麵團	400克
食鹽	10克
水b	50克

1

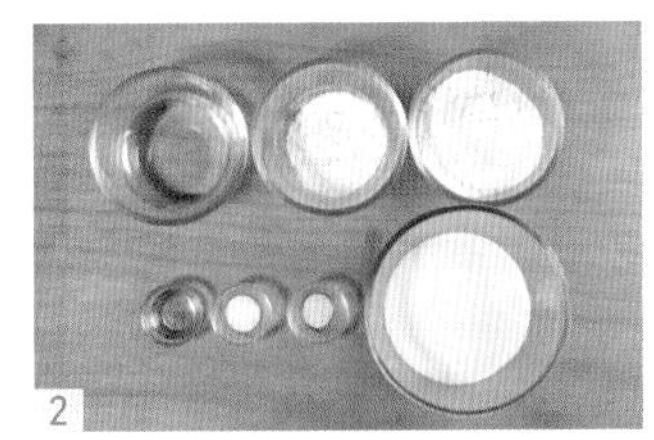
2

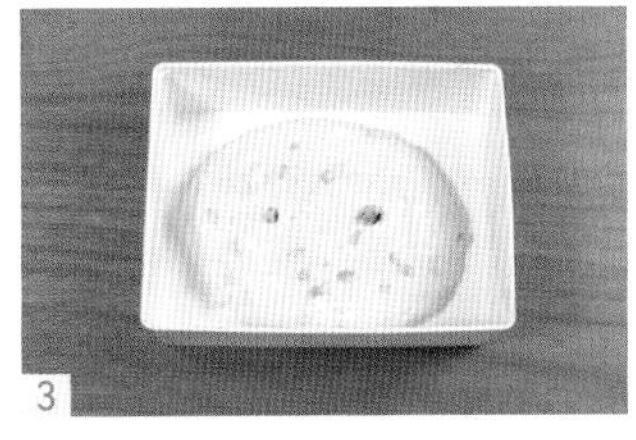
3

4

5

6

7-1

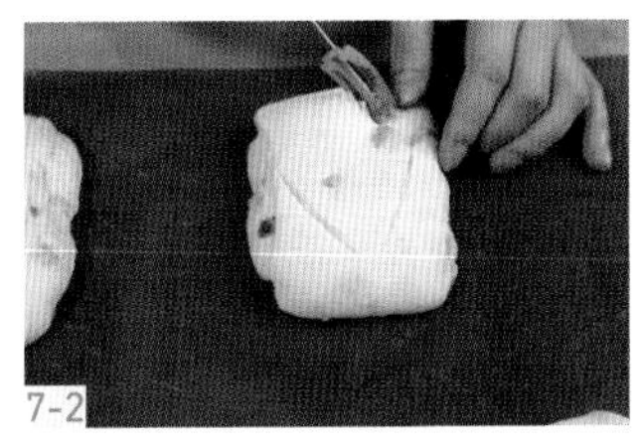
7-2

7-3

8

第一步：準備工作

1 將所有果乾溫水浸泡3小時，撈出瀝乾水分，加入適量的蘭姆酒，密封放入冰箱冷藏6小時。

第二步：攪拌

2 除食鹽、水b外，所有主麵團食材倒入攪拌桶中攪拌至厚膜，加入食鹽攪拌至薄膜，最後加入水b攪拌至完全擴展。加入酒漬果乾拌勻即可。
（具體可參考液種麵團攪拌流程製作。）

第三步：初次醒發

3 取出，稍作滾圓，放入發酵盒中醒發60分鐘。

第四步：分割

4 發酵布上撒上麵粉，將醒發好的麵團倒扣在發酵布上。粗糙面撒上少許麵粉防黏，將其延展成長方形。

第五步：整型

5 用刮刀將其分割成較小的長方形，重量約90克。

第六步：最後發酵

6 稍微整理形狀，光滑面朝上移至發酵布上，室溫發酵至1倍大，時間約60分鐘。
（室溫溫度約28℃。）

第七步：烤前裝飾

7 發酵完成後，轉移至高溫布上，用法棍劃刀在其表面劃上菱形刀口。

第八步：烘烤

8 放入烤箱中，蒸氣3秒，以上火230℃、下火210℃，烘烤約18分鐘至褐色。取出移至冷卻架上冷卻。

孜然牛肉恰巴塔

製作數量：5個。

產品介紹：恰巴塔在義大利，就像法棍在法國一樣，是家喻戶曉的食物。孜然牛肉恰巴塔表皮脆脆的，內裡是多孔的白麵包，加了橄欖油提香，吃起來有特別的香味。

掃碼觀看製作視頻

材料

液種麵團

- 高筋麵粉……170克
- 低筋麵粉……30克
- 水……200克
- 乾酵母……0.5克

配料

- 醬牛肉粒……250克
- 孜然……10克
- 玉米粒……100克

主麵團

- 高筋麵粉……250克
- 低筋麵粉……50克
- 水……210克
- 乾酵母……2克
- 液種麵團……400克
- 食鹽……10克
- 橄欖油……40克

操作步驟

＊須提前製作好液種麵團，並冷藏發酵8小時。

1

2

3

4

5

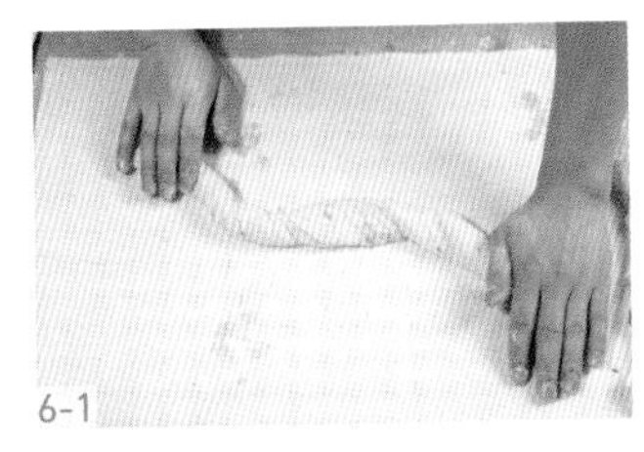

6-1

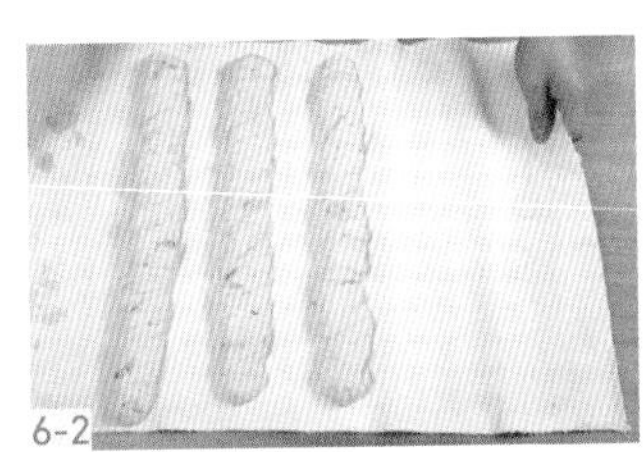

6-2

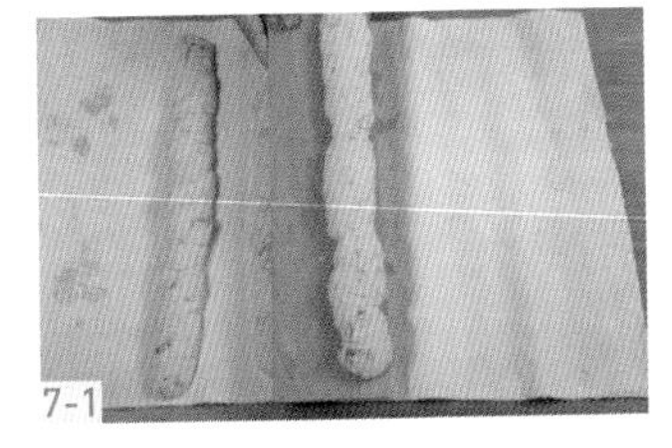

7-1

7-2

8

第一步：準備工作

1 橄欖油、孜然、醬牛肉粒提前用炒鍋炒香，其餘食材稱好備用。

第二步：攪拌

2 除橄欖油外，所有主麵團食材倒入攪拌桶中攪拌至厚膜，分次加入橄欖油攪拌至完全擴展。最後加入孜然牛肉粒、玉米粒拌勻即可。

（具體可參考液種麵團攪拌流程製作。）

第三步：初次醒發

3 取出，稍作滾圓，放入發酵盒中醒發60分鐘。

第四步：分割

4 發酵布上撒上麵粉，將醒發好的麵團倒扣在發酵布上。粗糙面撒上少許麵粉防黏，將其延展成長方形。

5 用刮刀將其分割成較小的長條形，重量約90克。

第五步：整型

6 雙手在麵團兩端，一邊往上搓，一邊往下搓。搓好後移至發酵布上定型。

第六步：最後發酵

7 室溫發酵至1倍大，時間約60分鐘。發酵完成後，轉移至高溫布上。

（室內溫度約28℃）

第七步：烘烤

8 放入烤箱中，蒸氣3秒，以上火220℃、下火200℃，烘烤約16分鐘，至金黃色。取出移至冷卻架上冷卻。

BREAD CAN

面具佛卡夏

掃碼觀看製作視頻

製作數量：10個。

產品介紹：佛卡夏是一款原產自義大利的扁麵包，通常用橄欖油和香草來豐富味道，有時會在麵包上鋪上乳酪、肉或者各種蔬菜。口感比比薩餅更有嚼勁。

材料

半熟小番茄

小番茄…………250克

橄欖油…………30克

羅勒葉…………2克

海鹽…………2克

中種麵團

高筋麵粉…………170克

低筋麵粉…………30克

水…………200克

乾酵母…………0.5克

主麵團

高筋麵粉…………250克

低筋麵粉…………50克

水…………220克

乾酵母…………2克

中種麵團…………400克

食鹽…………7克

橄欖油…………30克

表面裝飾

橄欖油…………適量

起司粉…………適量

半熟小番茄…………適量

操作步驟

★須提前製作好中種麵團，並冷藏發酵6小時。

第一步：製作半熟小番茄

1 將小番茄對半切開，加入橄欖油、羅勒葉、海鹽拌勻。

2 烤盤鋪上油紙，放上番茄，切面朝上。放入烤箱以220℃烘烤10分鐘。

第二步：攪拌

3 除橄欖油外，所有主麵團食材倒入攪拌桶中攪拌至厚膜，分次加入橄欖油攪拌至完全擴展。（具體可參考中種麵團攪拌流程製作。）

1

2

3

第三步：初次醒發

4　取出，稍作滾圓，放入發酵盒中醒發60分鐘。

第四步：分割，滾圓

5　醒發後分割成120克/個，折疊成圓柱形，蓋上保鮮膜繼續醒發30分鐘。

第五步：整型

6　取出，放置於高溫布上，手掌塗抹橄欖油，用手指按壓成較大的橢圓形。用刮板切割出樹葉紋。

第六步：最後發酵

7　放入發酵箱，發酵溫度32℃，相對濕度75%，發酵約30分鐘。

第七步：烤前裝飾

8　取出，表面撒上起司粉，放上適量的小番茄。

4　5　6-1　6-2　7　8

第八步：烘烤

9　放入烤箱，蒸氣3秒，以上火220℃、下火200℃，烘烤約14分鐘。

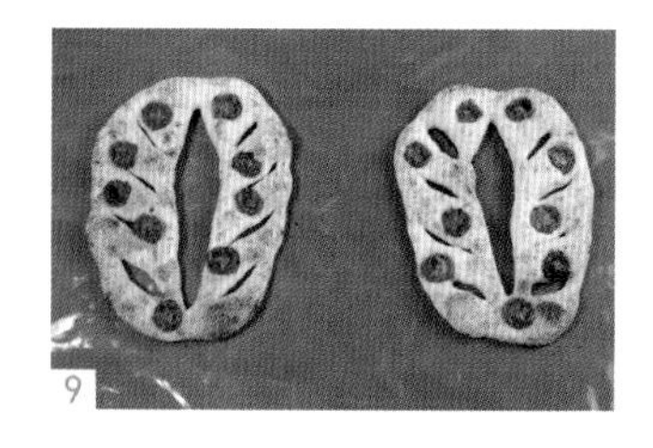

9

鮮蝦泡菜佛卡夏

製作數量：10個。

產品介紹：鮮蝦泡菜佛卡夏麵包色澤金黃，表皮香脆，配上細膩的鮮蝦，一口下去濃濃的起司香味四溢，內部鬆軟，口感濕潤有彈性，加入泡菜起到調和作用，口感更加豐富。

掃碼觀看製作視頻

材料

中種麵團

高筋麵粉........170克
低筋麵粉..........30克
水..................200克
乾酵母.............0.5克

主麵團

高筋麵粉........250克
低筋麵粉..........50克
水..................200克
乾酵母................2克
中種麵團........400克
食鹽....................7克
橄欖油..............30克

表面裝飾

橄欖油.............. 適量
泡菜.................. 適量
去殼蝦仁.......... 適量
羅勒葉.............. 適量
沙拉醬.............. 適量
乳酪絲.............. 適量

★須提前製作好中種麵團，並冷藏發酵6小時。

第一步：準備工作

1　將去殼蝦仁煎至兩面焦黃。

第二步：攪拌

2　除橄欖油外，所有主麵團食材倒入攪拌桶中攪拌至厚膜，分次加入橄欖油攪拌至完全擴展。
（具體可參考中種麵團攪拌流程製作。）

第三步：初次醒發

3　取出，稍作滾圓，放入發酵盒中醒發60分鐘。

1

2

3

第四步：分割，滾圓

4　醒發後分割成90克/個，折疊裹成圓柱形，蓋上保鮮膜繼續醒發30分鐘。

第五步：整型

5　取出，放置於高溫布上，手掌塗抹橄欖油，用手指按壓成較長的圓餅狀，並用手指戳洞。
（不需要排氣，保留原始的氣體，吃起來更具風味。）

4

5-1

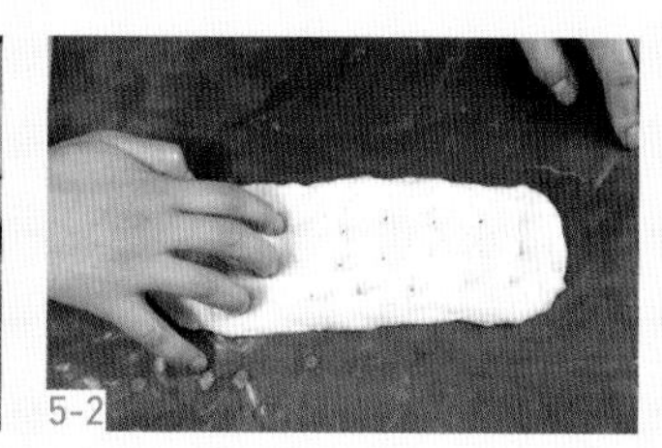
5-2

第六步：最後發酵

6　放入發酵箱，發酵溫度32℃，相對濕度75%，發酵約30分鐘。

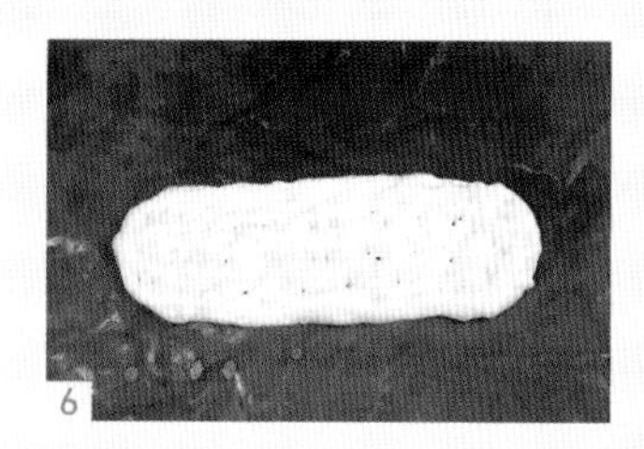
6

第七步：烤前裝飾

7　取出，表面塗抹適量橄欖油，鋪上泡菜、去殼蝦仁、乳酪絲，擠上沙拉醬，撒上羅勒葉。

第八步：烘烤

8　放入烤箱，以上火220℃、下火200℃，烘烤約15分鐘，蒸氣3秒，烤至金黃色。

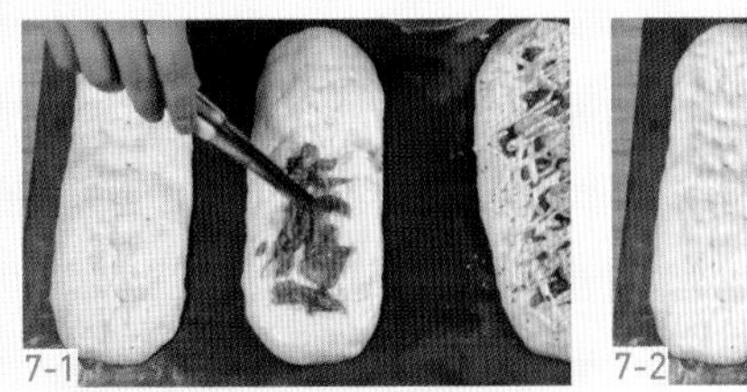
7-1

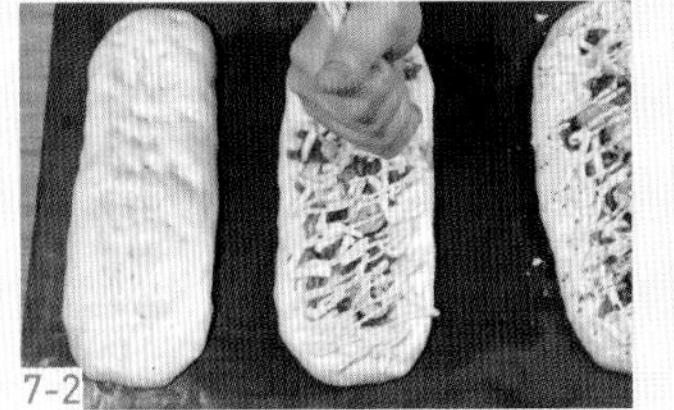
7-2

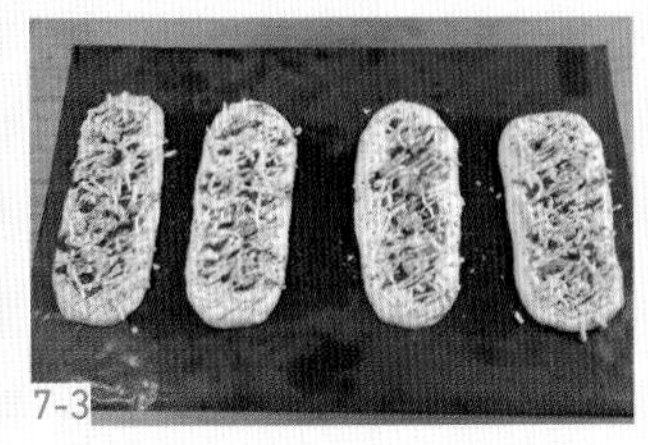
7-3

8

傳統法棍麵包

掃碼觀看製作視頻

製作數量：6個。

產品介紹：傳統法棍外觀是金燦燦的，紋路規則，表皮酥脆，口感有韌性，孔洞軟大，吃起來是小麥原本的味道。法棍對於法國人來説，就是主食。

材料

液種麵團

中筋麵粉..........75克
水.....................75克
乾酵母.............0.5克

主麵團

高筋麵粉........350克
低筋麵粉........150克
水a................320克
乾酵母................2克
食鹽..................10克
液種麵團........150克
水b................100克

操作步驟

＊須提前製作好液種麵團，並冷藏發酵8小時。

第一步：攪拌

1　除了水b，所有主麵團食材倒入攪拌桶中攪拌至薄膜，加入水b攪拌至完全擴展。（具體可參考液種麵團攪拌流程製作。）

第二步：初次醒發

2　取出，稍作滾圓，放入發酵盒中，醒發50分鐘。

第三步：分割，滾圓

3　醒發後將麵團分割成175克/個，用折疊方法折成圓柱形，室溫繼續醒發60分鐘。

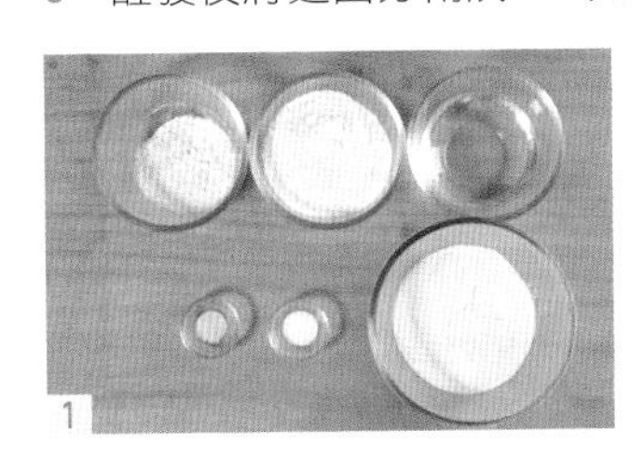

1

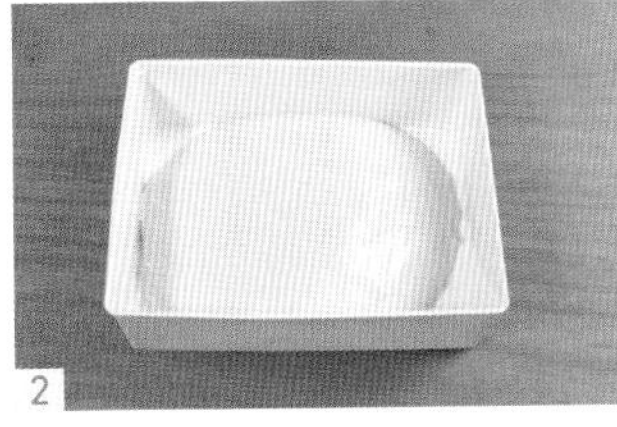

2

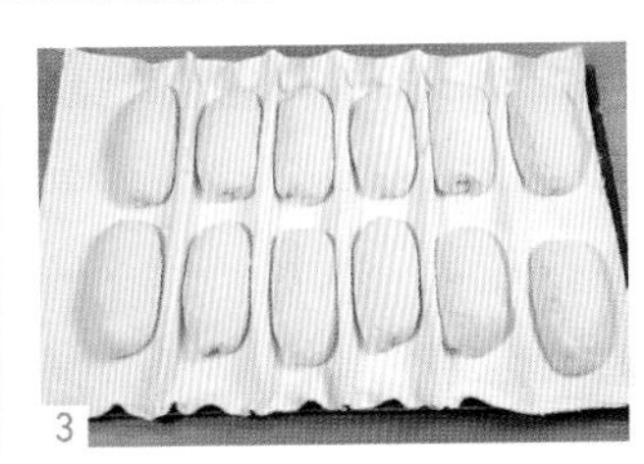

3

第四步：整型

4 取出，手掌輕拍排氣，粗糙面朝上。

5 先折疊2/3，再折疊1/3，用手掌將邊緣黏合。

6 將其輕搓至中粗邊細，長約25公分長的長棍形。

第五步：最後發酵

7 放在發酵布中室溫發酵50分鐘。

（室溫發酵溫度約28℃。）

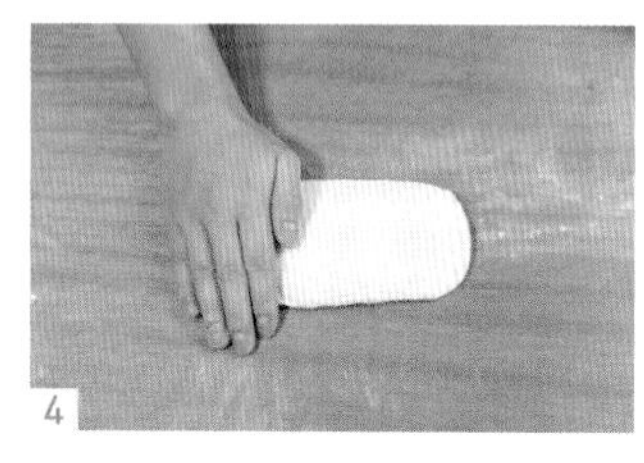
4

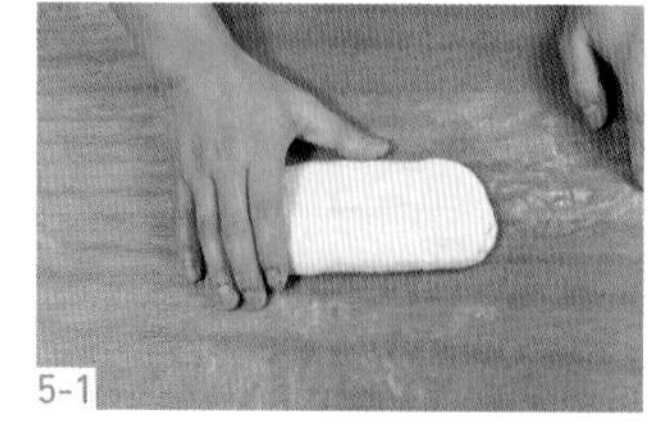
5-1

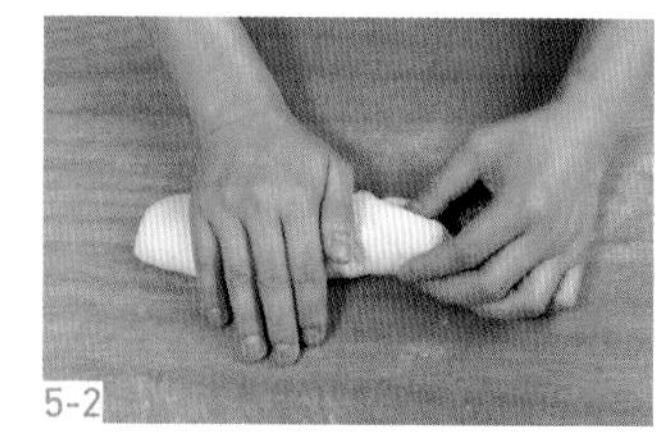
5-2

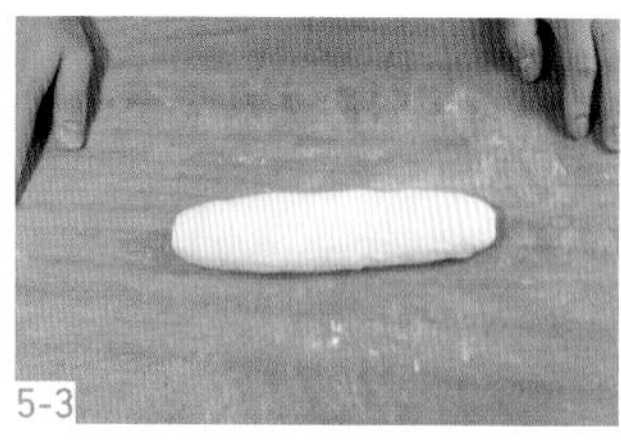
5-3

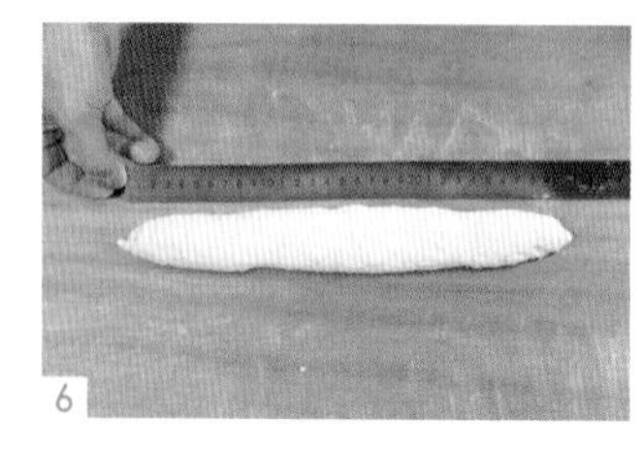
6

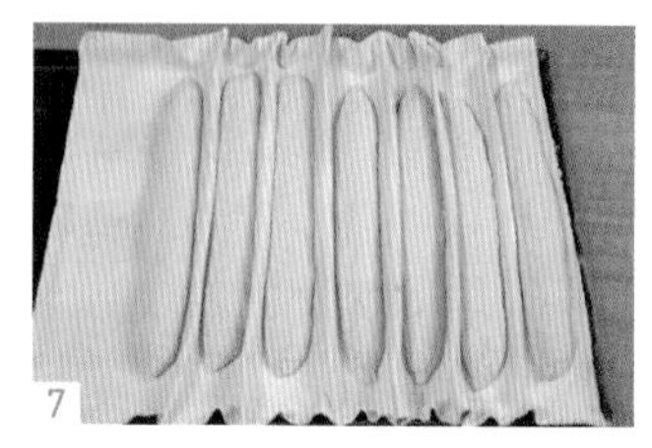
7

第六步：烤前裝飾

8 轉移至高溫布上。

9 用法棍劃刀在麵團表面劃上2～3刀。

第七步：烘烤

10 放入烤箱，蒸氣3秒，以上火230℃、下火210℃，烘烤約21分鐘，至金黃色。

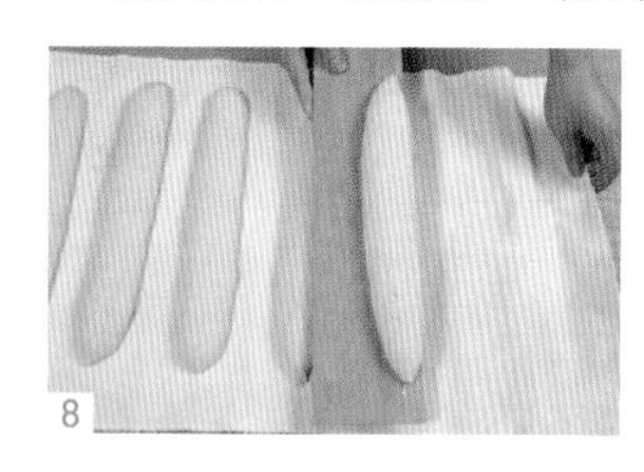
8

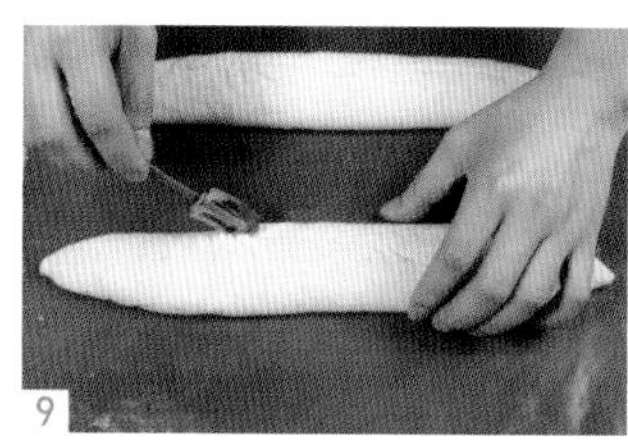
9

10

起司燻雞貝果

- 製作數量：9個。
- 產品介紹：玉米燻雞貝果具有濃濃的玉米香氣，口感豐富，飽腹感很強，裡面是滿滿的燻雞肉，肉感十足，鹹甜搭配，別樣風味。

掃碼觀看製作視頻

材料

糖水

水……………………500克
細砂糖………………25克

中種麵團

高筋麵粉……………100克
低筋麵粉……………50克
水……………………100克
乾酵母………………1克

表面裝飾

糖水…………………適量
起司片………………0.5片/個

燻雞餡

燻雞粒………………250克
洋蔥…………………50克
玉米粒………………30克
黑胡椒………………適量
食鹽…………………適量
起司片………………4片
乳酪絲………………50克
奶油…………………10克

主麵團

高筋麵粉……………270克
低筋麵粉……………75克
黑麥粉………………50克
細砂糖………………25克
黑胡椒………………0.5克
中種麵團……………250克
食鹽…………………10克
乾酵母………………4克
水……………………210克

★須提前製作好中種麵團，並冷藏發酵6小時。

第一步：製作糖水

1 將所有糖水食材放入容器中攪拌至糖溶化，備用。

第二步：製作燻雞餡

2 奶油、洋蔥放入炒鍋中炒香，加入玉米粒、燻雞粒、食鹽拌勻，加入起司片、乳酪絲、黑胡椒拌勻，備用。

1

2-1

2-2

第三步：攪拌

3 除食鹽外，所有主麵團食材倒入攪拌桶中攪拌至厚膜，加入食鹽攪拌至完全擴展。（具體可參考中種麵團攪拌流程製作。）

第四步：初次醒發

4 取出，稍作滾圓，蓋上保鮮膜室溫醒發30分鐘。

第五步：分割，滾圓

5 醒發後分割成100克/個，滾圓，蓋上保鮮膜繼續醒發20分鐘。

3

4

5

第六步：整型

6 取出，放置於桌面上，用擀麵棍擀開，頂端放上適量的燻雞餡，捲成圓柱形。蓋上保鮮膜再次醒發5分鐘。

7 取出，搓長至22公分長，黏合部位朝上，用擀麵棍在麵團的一端約2公分的寬度擀開，另一端放置於擀開處，包裹形成甜甜圈狀。移至烤盤。

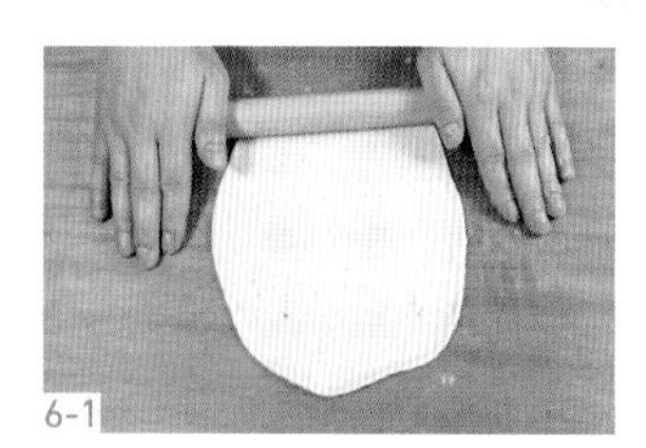
6-1

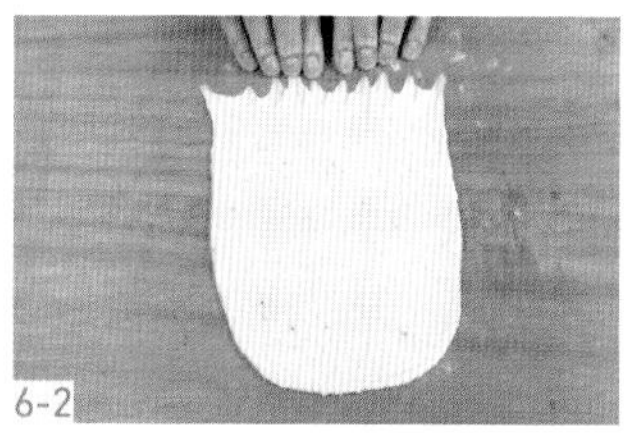
6-2

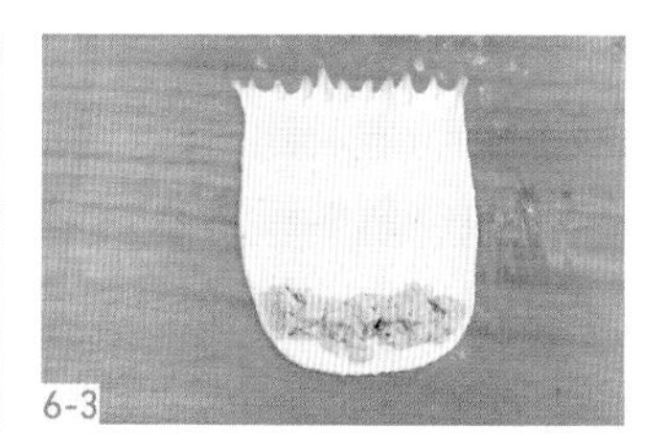
6-3

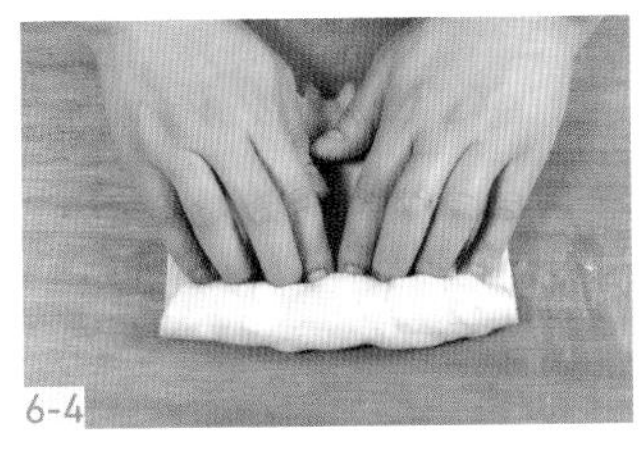
6-4

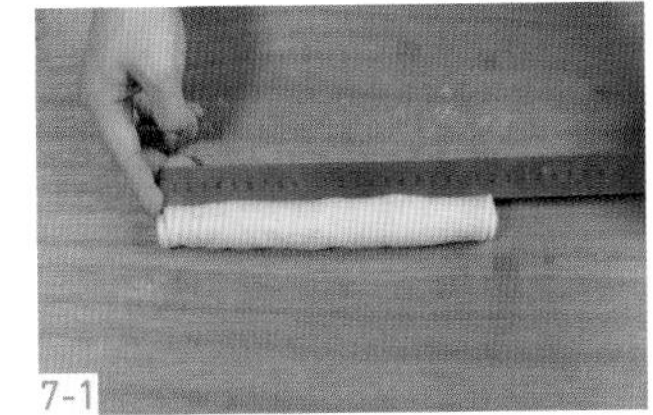
7-1

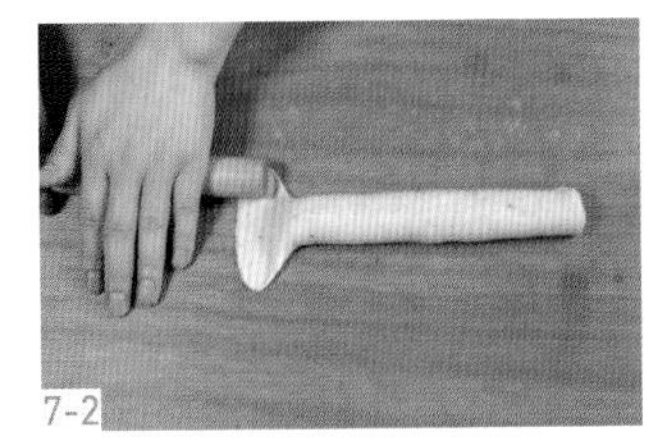
7-2

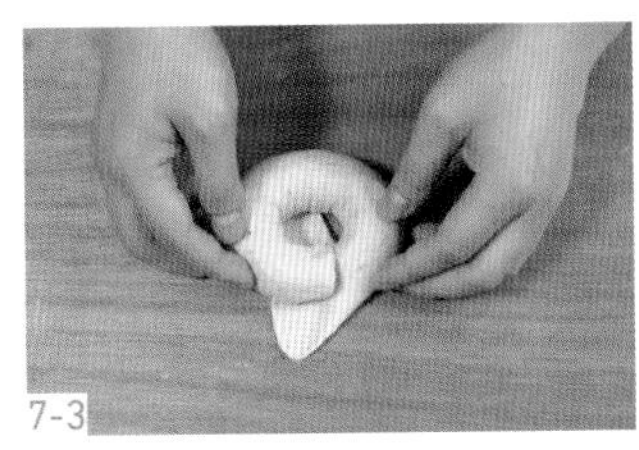
7-3

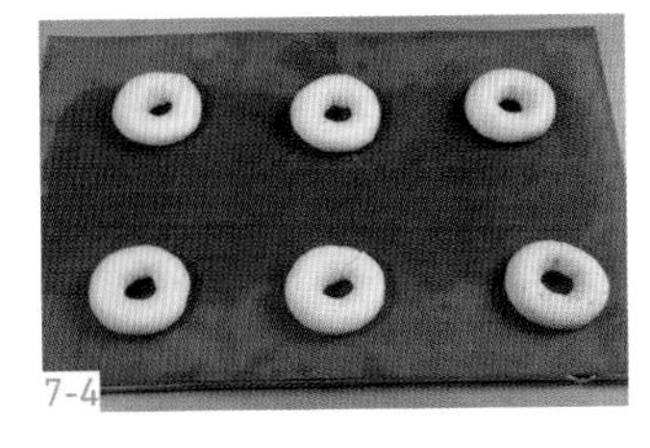
7-4

第七步：最後發酵

8 放入發酵箱，發酵溫度32℃，相對濕度75%，發酵約45分鐘，至1倍大。

第八步：烤前裝飾

9 將糖水煮沸騰，放入發酵好的麵團，正反面各煮30秒，撈出置於高溫布上，稍微晾乾。

10 表面放上三角形起司片。

第九步：烘烤

11 放入烤箱，蒸氣3秒，以上火220℃、下火170℃，烘烤約16分鐘，至金黃色。取出移至冷卻架上冷卻。

8

9

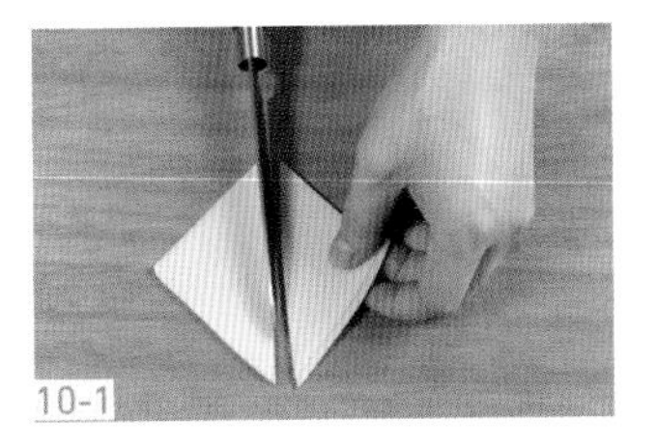
10-1

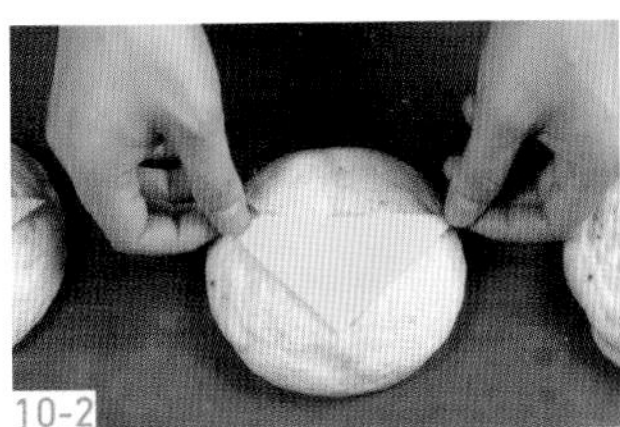
10-2

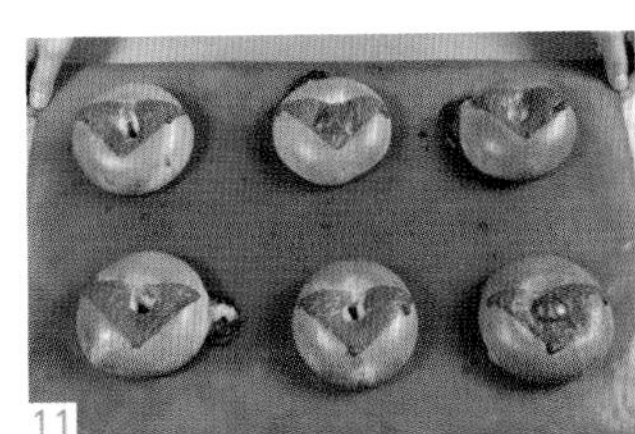
11

黑麥貝果

掃碼觀看製作視頻

製作數量：9個。

產品介紹：黑麥貝果內部組織細密，有嚼勁，外皮淡黃中透著微棕色彩，能量低，口感柔韌筋道，還帶有微微鹹味，越嚼越香，深受追求健康的朋友們的喜歡。

材料

糖水

水……………………500克
細砂糖………………25克

中種麵團

高筋麵粉……………100克
低筋麵粉……………50克
水……………………100克
乾酵母………………1克

主麵團

高筋麵粉……………270克
低筋麵粉……………75克
黑麥粉………………50克
細砂糖………………25克
中種麵團……………250克
乾酵母………………3克
水……………………210克
食鹽…………………10克

操作步驟

★須提前製作好中種麵團，並冷藏發酵6小時。

第一步：製作糖水

1 將所有糖水食材倒入容器中攪拌至糖溶化，備用。

第二步：攪拌

2 除食鹽外，所有主麵團食材倒入攪拌桶中攪拌至厚膜，加入食鹽攪拌至完全擴展。（具體可參考中種麵團攪拌流程製作。）

第三步：初次醒發

3 取出，稍作滾圓，蓋上保鮮膜室溫醒發15分鐘。

1

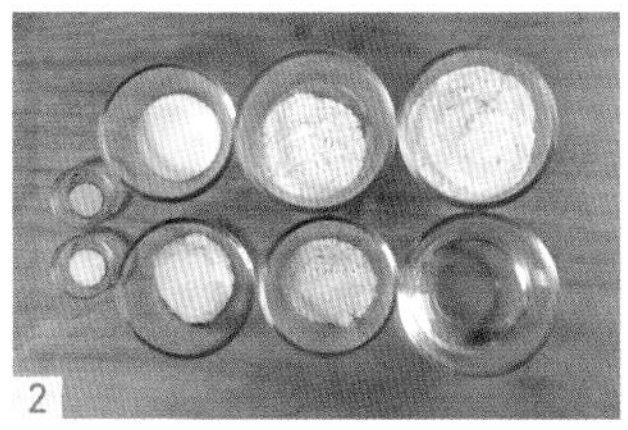

2

3

第四步：分割，滾圓

4 醒發後分割成100克/個，滾圓，蓋上保鮮膜繼續醒發15分鐘。

第五步：整型

5 取出，放置於桌面上，用擀麵棍擀開，捲成圓柱形。蓋上保鮮膜再次醒發5分鐘。

6 取出搓長至22公分長，黏合部位朝上，用擀麵棍在麵團的一端約2公分的寬度擀開，另一端放置於擀開處，包裹形成甜甜圈狀。移至烤盤。

第六步：最後發酵

7 放入發酵箱中，發酵溫度32℃，相對濕度75%，發酵約45分鐘，至1倍大。

第七步：烤前裝飾

8 將糖水煮至沸騰，放入發酵好的麵團，正反面各煮30秒，撈出放置於高溫布上，稍微晾乾。

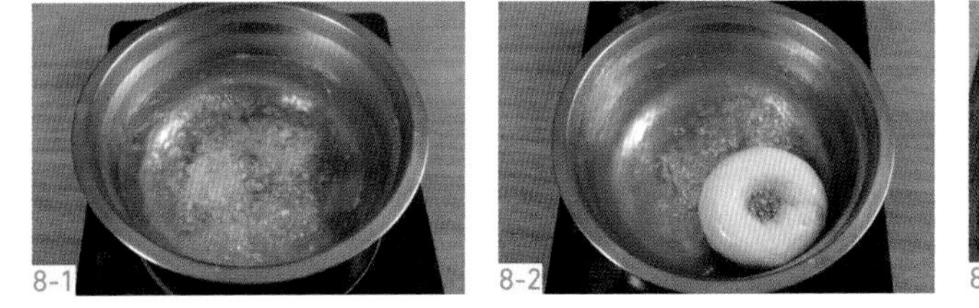

第八步：烘烤

9 放入烤箱，蒸氣3秒，以上火220℃、下火170℃，烘烤約16分鐘，烘烤至金黃色。取出移至冷卻架上冷卻。

全麥貝果

材料

製作數量：9個。

產品介紹：貝果又稱圓形麵包，製作方法基本沿用傳統工藝，貝果屬於美式麵包，以扎實又富有嚼勁的口感，搭配各種料理製作成不同口感。

掃碼觀看製作視頻

糖水

水 500克
細砂糖 25克

中種麵團

高筋麵粉 100克
低筋麵粉 50克
水 100克
乾酵母 1克

主麵團

高筋麵粉 270克
低筋麵粉 75克
全麥粉 50克
細砂糖 25克
中種麵團 250克
食鹽 11克
乾酵母 4克
水 210克

表面裝飾

糖水 .... 適量
燕麥片 .... 適量

★須提前製作好中種麵團，並冷藏發酵6小時。

第一步：製作糖水

1　將所有糖水食材倒入容器中攪拌至糖溶化，備用。

第二步：攪拌

2　除食鹽外，所有主麵團食材倒入攪拌桶中攪拌至厚膜，加入食鹽攪拌至完全擴展。
（具體可參考中種麵團攪拌流程製作。）

第三步：初次醒發

3　取出，稍作滾圓，蓋上保鮮膜室溫醒發30分鐘。

1

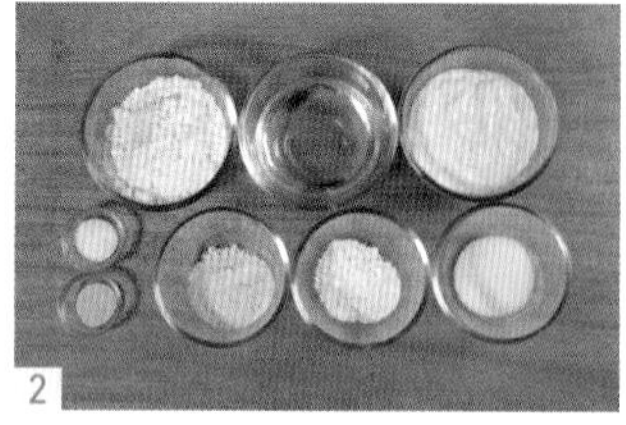
2

3

第四步：分割，滾圓

4　醒發後分割成100克/個，滾圓，蓋上保鮮膜繼續醒發20分鐘。

第五步：整型

5　取出，放置於桌面上，用擀麵棍擀開，捲成圓柱形。蓋上保鮮膜再次醒發5分鐘。

6　取出，搓長至22公分長，黏合部位朝上，用擀麵棍在麵團的一端約2公分的寬度擀開，另一端放置於擀開處，包裹形成甜甜圈狀。移至烤盤。

第六步：最後發酵

7　放入發酵箱中，發酵溫度32℃，相對濕度75%，發酵約45分鐘，至1倍大。

4

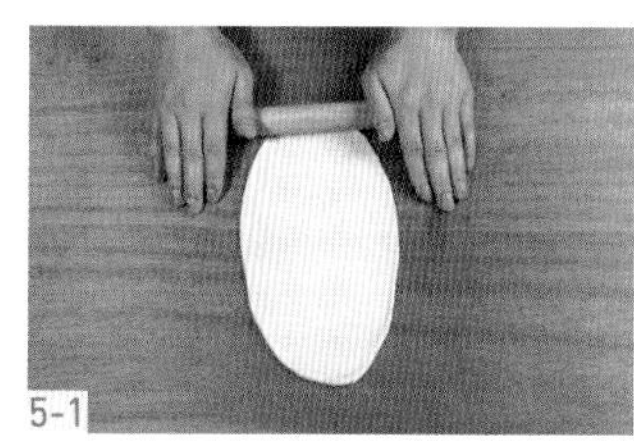
5-1

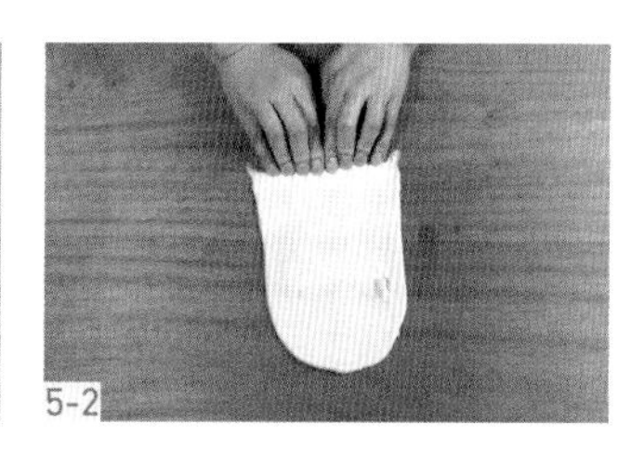
5-2

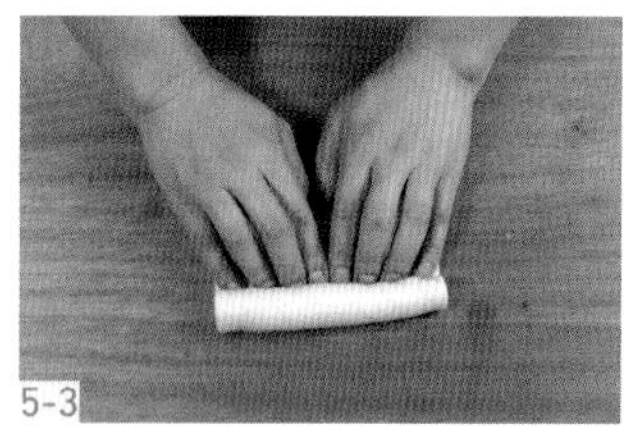
5-3

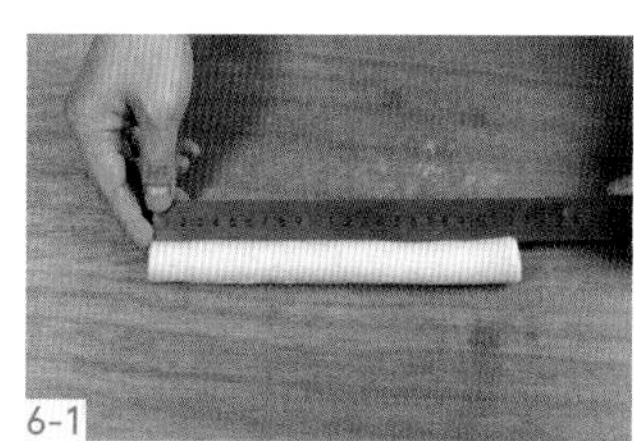
6-1

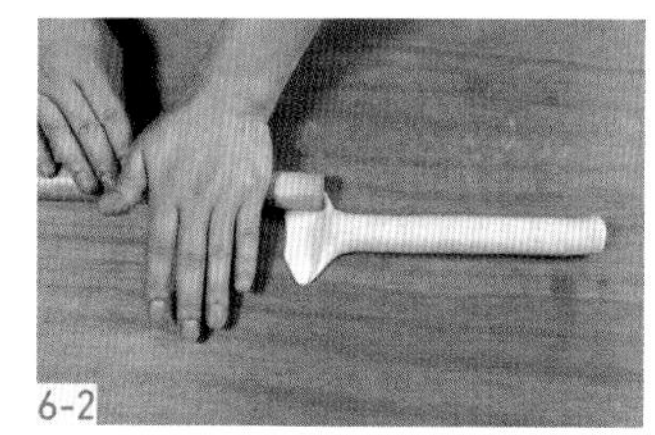
6-2

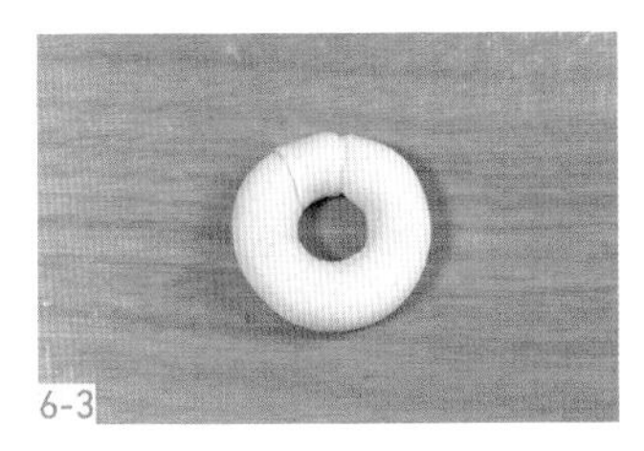
6-3

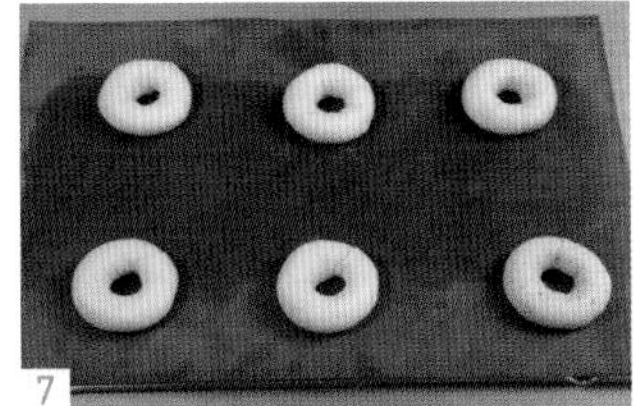
7

第七步：烤前裝飾

8　將糖水煮沸騰，放入發酵好的麵團，正反面各煮30秒。

9　撈出，表面黏滿燕麥片，移至高溫布上。

8

9-1

9-2

第八步：烘烤

10　放入烤箱，蒸氣3秒，以上火220℃、下火170℃，烘烤約14分鐘，至金黃色。移至冷卻架上冷卻。

10

PART 07 特色麵包

咕咕霍夫

- 製作數量：2個。
- 產品介紹：咕咕霍夫外形猶如一頂雍容典雅的皇冠，口感如同蛋糕，有著濃郁的香味，豐腴鬆軟的口感，飽含果乾、堅果與奶油，讓滿足感油然而生。

材料

主麵團

高筋麵粉........500克
細砂糖............100克
奶粉..................25克
檸檬屑.............0.5克
乾酵母................7克
蛋黃...............100克
水...................230克
食鹽....................8克
奶油................175克
葡萄乾............200克
橙皮丁..............30克
利口酒..............15克

表面裝飾

巴旦木.............. 適量
防潮糖粉.......... 適量

第一步：準備工作

1 將葡萄乾、橙皮丁提前用溫水浸泡3小時，過篩瀝乾水分，加入利口酒冷藏浸泡6小時以上。

2 咕咕霍夫模具內塗抹奶油，底部放上巴旦木備用。

1

2-1

2-2

第二步：攪拌

3 除食鹽、奶油和果乾外，所有主麵團食材倒入攪拌桶中攪拌至厚膜，加入食鹽、奶油攪拌至完全擴展。最後加入果乾拌勻即可。

（具體可參考直接法麵團攪拌流程製作。）

第三步：初次醒發

4 取出，稍作滾圓，蓋上保鮮膜室溫醒發50分鐘。

第四步：分割，滾圓

5 醒發後分割成350克/個，滾圓，蓋上保鮮膜繼續醒發30分鐘。

3

4

5

第五步：整型

6 取出，放置於桌面上，手掌輕拍排氣，麵團中間部分用手指戳個孔眼，雙手慢慢將孔眼撐大至可以放入咕咕霍夫模具中。整型後移至模具中。

6-1

6-2

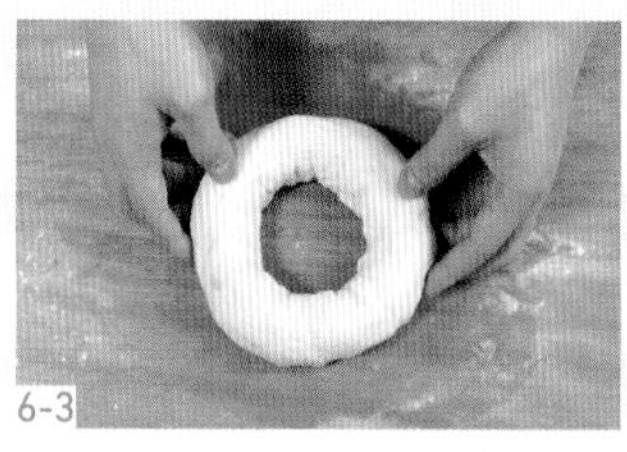
6-3

6-4

第六步：最後發酵

7 放入發酵箱中，發酵溫度32℃，相對濕度75%，發酵約50分鐘，至模具的七分滿。

第七步：烘烤

8 取出，表面噴水，放入烤箱，以上火180℃、下火210℃，烘烤約21分鐘。

9 取出，倒扣至冷卻架上冷卻，最後篩1層防潮糖粉即可。

7

8

9-1

9-2

鹼水扭花麵包

掃碼觀看製作視頻

製作數量：9個。

產品介紹：鹼水麵包烤製的時候不會膨脹，在高溫下表皮變化出深褐偏紅的迷人色彩。麵包質地比較硬，吃起來有嚼勁，有股帶著鹼味的麵包香。

鹼水

水……500克

烘焙鹼……15克

主麵團

高筋麵粉……260克

低筋麵粉……240克

細砂糖……25克

乾酵母……3克

鮮奶油……62克

水……212克

食鹽……10克

表面裝飾

鹼水……適量

海鹽……適量

第一步：製作鹼水

1　將所有鹼水食材倒入容器中拌勻，加熱至鹼溶化，備用。

第二步：攪拌

2　除食鹽外，所有主麵團食材倒入攪拌桶中攪拌至厚膜，加入食鹽攪拌至完全擴展。
（具體可參考直接法麵團攪拌流程製作。）

第三步：初次醒發

3　取出，稍作滾圓，蓋上保鮮膜室溫醒發5分鐘。

1

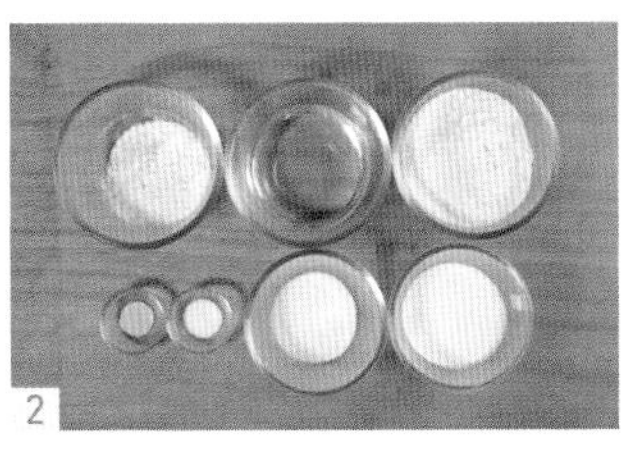
2

3

第四步：分割，滾圓

4　醒發後分割成90克/個，滾圓，蓋上保鮮膜冷藏醒發15分鐘。

第五步：整型

5　取出，放置於桌面上，用擀麵棍擀開，捲成圓柱形。蓋上保鮮膜冷藏醒發15分鐘。

6　取出，用手揉搓至中間粗，兩邊細，長度約55公分的長條。

7　兩邊提起，將麵團扭成普雷結，移至烤盤上。放入冰箱冷凍1小時。

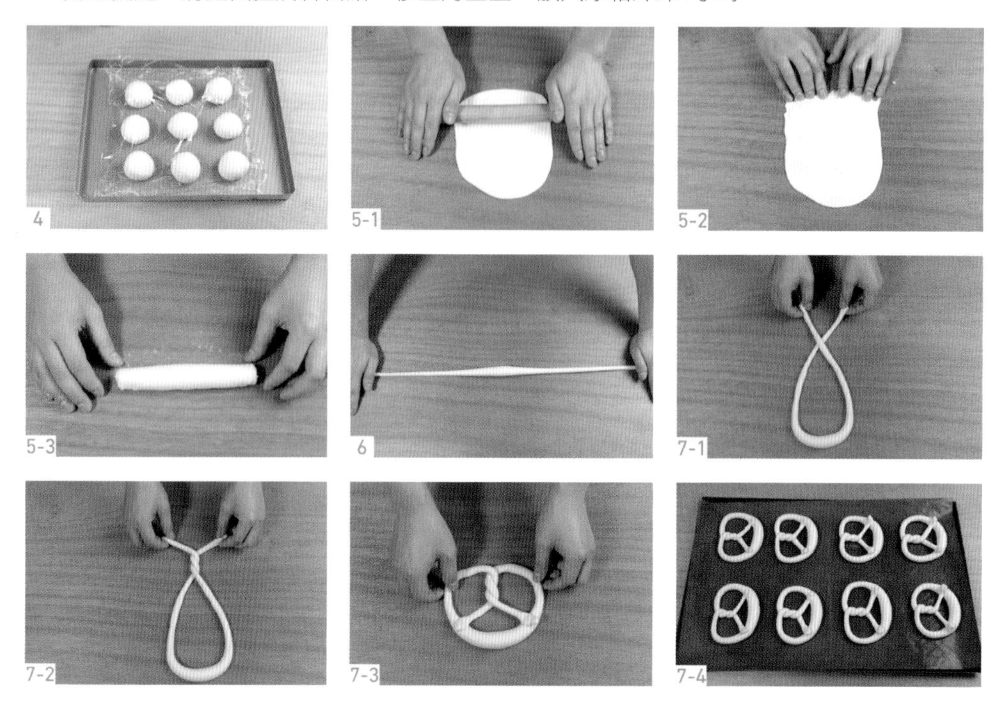

第六步：烤前裝飾

8　冷凍後將麵團放入鹼水中，正反面各浸泡20秒。

（使用時請佩戴手套，請勿直接接觸，觸碰到須立即用清水清洗。）

9　取出，放置於高溫布上，稍晾乾。頂部用刀劃1個口，撒上海鹽。

第七步：烘烤

10　放入烤箱，以上火210℃、下火180℃，烘烤約20分鐘，至深紅色。取出，移至冷卻架上冷卻。

08 PART 蛋糕

費南雪

掃碼觀看製作視頻

製作數量：8個。

產品介紹：費南雪蛋糕是一款甜點，主要材料是無鹽奶油和杏仁粉，口感濕潤有彈性，有著濃厚的杏仁和奶油味，外表像金條小甜點，表面呈焦糖色，十分美味。

材料

奶油……130克	玉米糖漿……5克	杏仁粉……59克
蛋白……130克	低筋麵粉……59克	細砂糖……136克

操作步驟

第一步：製作蛋糕

1 費南雪模具提前塗抹奶油。

2 將奶油放入奶鍋中煮至冒小泡的沸騰狀態，褐色伴有輕微的焦味。倒入容器中冷卻至常溫。

（此時的奶油有輕微的焦味，口味更為獨特。）

3 加入細砂糖、低筋麵粉、杏仁粉拌勻。

4 加入玉米糖漿、蛋白拌勻。

5 擠入費南雪模具中。

第二步：烘烤

6 放入烤箱，以上火160℃、下火160℃，烘烤約20分鐘，取出脫模冷卻。

瑪德琳蛋糕

製作數量：16個。

產品介紹：剛烤好的瑪德琳表面的貝殼花紋泛著金黃細膩的光澤，微微鼓起的「小肚子」，格外俏皮可愛。輕輕掰開，陣陣奶香撲鼻而來，內部組織細膩鬆軟，入口瞬間便被外殼的焦香酥脆迷倒，橙皮丁香濃誘人，絲毫不覺得甜膩。

掃碼觀看製作視頻

材料

杏仁粉a............50克
雞蛋................125克
蛋黃..................20克
香草精................3克
細砂糖..............54克
轉化糖..............25克
海鹽....................1克
蜂蜜..................37克
榛子粉..............25克
杏仁粉b............25克
低筋麵粉..........68克
泡打粉................3克
奶油................150克
橙皮丁..............50克

第一步：製作蛋糕

1 將杏仁粉a、雞蛋、蛋黃、香草精、細砂糖、轉化糖、海鹽、蜂蜜放入容器中拌勻。

2 加入榛子粉、杏仁粉b、低筋麵粉、泡打粉拌勻。

3 將奶油融化，邊攪拌邊緩慢加入奶油拌勻。

（奶油溫度冷卻至35℃，高溫會讓泡打粉提前蓬發。）

4 加入橙皮丁拌勻，裝入擠花袋。

（冰箱冷藏6小時後再取出烘烤，香味更佳。）

5 擠在瑪德琳不黏模具中。

第二步：烘烤

6 放入烤箱，以上火180℃、下火170℃，烘烤約16分鐘。烘烤後脫模冷卻。

熔岩巧克力蛋糕

製作數量：5個。

產品介紹：切開蛋糕，內餡會像熔岩一樣流出來！鬆軟的外層，口感香甜，既有巧克力的醇香又有蛋糕的綿軟鮮香，美味可口，非常誘人。

掃碼觀看製作視頻

材料

蛋糕麵糊

奶油……………40克
純脂黑巧克力…60克
雞蛋……………100克
細砂糖…………20克
低筋麵粉………30克
可可粉…………5克
蘭姆酒…………2克

表面裝飾

糖粉……………適量

操作步驟

第一步：準備工作

1 提前在模具的內部鋪上油紙防黏。

第二步：製作蛋糕

2 將奶油、黑巧克力倒入容器中，微波爐加熱至融化，拌勻降溫至50℃備用。
（溫度過高容易使雞蛋凝固結塊。）

3 雞蛋、細砂糖倒入容器中拌勻。

4 倒入步驟2中的液體，繼續攪拌均勻。

5 拌勻後加入過篩後的低筋麵粉、可可粉、蘭姆酒攪拌至無乾粉狀。

6 擠入模具中，約六分滿即可。
（烘烤時蛋糕會快速膨脹，需預留空間，六分滿即可。）

第三步：烘烤

7 擠好後放入冰箱冷凍10分鐘，取出，放入烤箱，以上火230℃、下火220℃，烘烤8分鐘。
（烘烤前放入冰箱冷凍可以使蛋糕內部保持低溫，這樣烘烤出來的流動效果更加明顯。）

第四步：烤後裝飾

8 取出後脫模，篩上1層糖粉。

9 掰開後內部呈半流動狀。
（這款蛋糕只有在熱的時候才會有半流動效果。冷後放入微波爐大火加熱30秒，即可恢復半流動效果。）

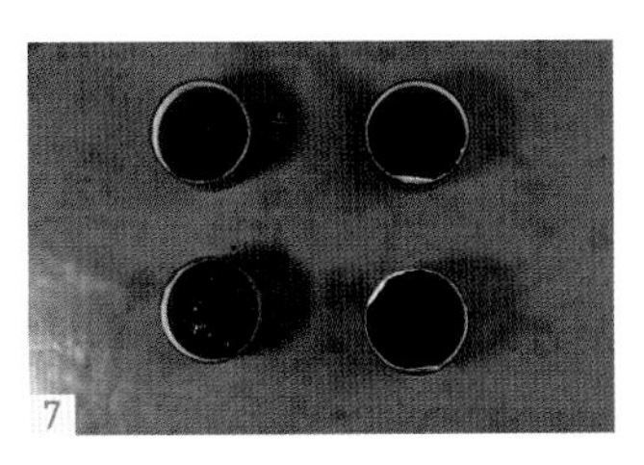

香橙瑞士捲

掃碼觀看製作視頻

製作數量：10個。

產品介紹：瑞士捲屬於海綿蛋糕的一種，加上不同的果醬和奶油，捲成圓柱形。淡淡的果醬味道結合了奶香味，口感柔軟細膩，軟綿綿的，入口融化。

材料

鮮奶油夾心

鮮奶油............130克

煉乳..................10克

麵糊

柳丁汁..............90克

細砂糖................5克

大豆油............100克

低筋麵粉........112克

蛋黃................112克

雞蛋..................25克

蛋白霜

蛋白................225克

細砂糖............140克

檸檬汁................4克

操作步驟

第一步：準備工作

1 將烤盤表面噴少許水，鋪上油紙備用。

第二步：製作鮮奶油

2 將所有鮮奶油材料混合打發，放入冰箱冷藏備用。

第三步：製作麵糊部分

3 將柳丁汁、細砂糖、大豆油放入容器中攪拌均勻。

4 加入過篩後的低筋麵粉攪拌至無乾粉狀。

5 加入蛋黃、雞蛋攪拌至均勻，備用。

（攪拌的時候注意容器底部位置，避免有麵糊團未攪拌均勻而影響口感。）

第四步：製作蛋白霜部分

6　將製作蛋白所用材料倒入攪拌桶中。

（注意攪拌桶內無油脂、無水、無雜質。否則會影響蛋白泡沫的形成，導致起泡失敗。）

7　中速攪拌至中性發泡。

第五步：混合

8　將蛋白霜部分取出1/3與麵糊部分用刮刀翻拌均勻。

9　拌勻後加入剩下的蛋白霜用翻拌手法繼續拌勻即可。

10 將其倒入鋪有油紙的烤盤上，用刮刀將其表面刮平整，並輕震排氣。

（輕震可以填充蛋糕裡面的縫隙，並排出消泡形成的大氣泡，這樣烘烤出來的蛋糕組織氣孔均勻。）

第六步：烘烤

11 放入烤箱，以上火180℃、下火170℃，烘烤約25分鐘。取出後輕震，倒扣至鋪有油紙的冷卻架上冷卻備用。

第七步：烤後加工

12 冷卻後將蛋糕移至新的油紙上，將打發好的鮮奶油平鋪在蛋糕表面。

13 將其捲成圓柱形放入冰箱冷藏10分鐘定型。

14 取出切割即可。

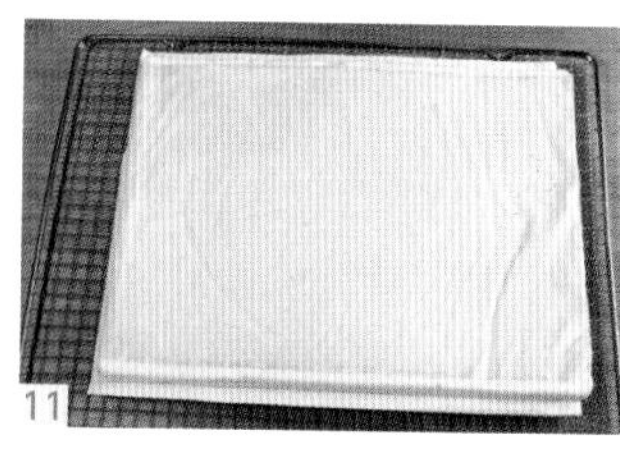

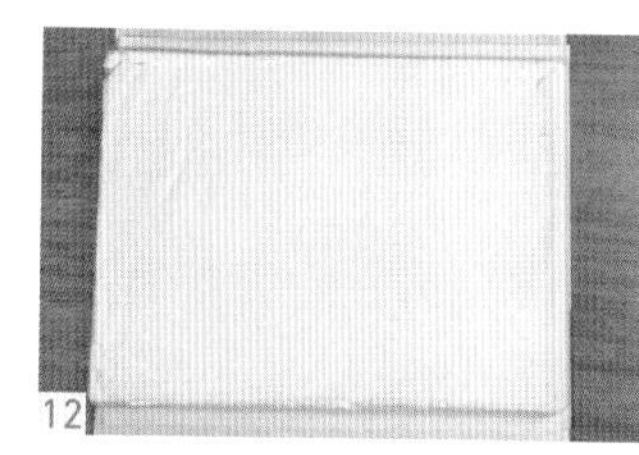

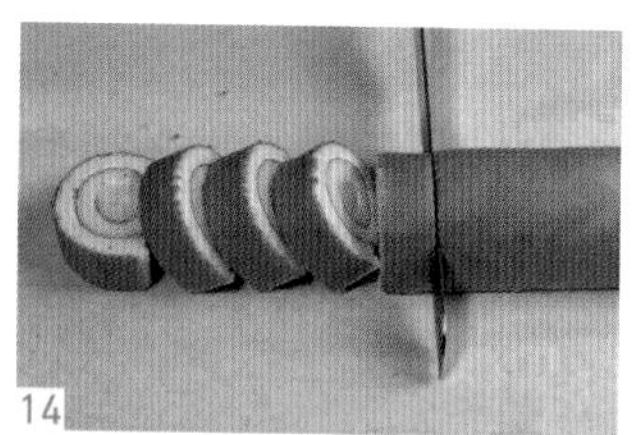

巧克力海綿蛋糕

製作數量：1個。

產品介紹：模仿戚風蛋糕的做法製作海綿蛋糕，使得海綿蛋糕也很蓬鬆香甜。

掃碼觀看製作視頻

蛋糕麵糊

奶油……35克
牛奶……50克
低筋麵粉……75克
可可粉……5克
蛋黃……37克
蛋白……90克
細砂糖……90克

操作步驟

第一步：製作蛋糕

1　將奶油、牛奶倒入容器中加熱至融化。
2　加入過篩後的低筋麵粉、可可粉攪拌至無乾粉狀。
3　加入蛋黃，攪拌至濃稠狀備用。
4　將蛋白、細砂糖倒入攪拌桶中，中速攪拌。
5　將蛋白攪拌至中性發泡。
6　把打發好的蛋白霜分2次倒入可可麵糊中翻拌均勻。
（翻拌時手法輕柔，儘量不要過多破壞蛋白氣泡。）
7　混合均勻後倒入模具中，抹平表面。

第二步：烘烤

8　放入烤箱，以上火175℃、下火140℃，烘烤35分鐘。取出後輕震模具，倒扣至冷卻架上。
9　冷卻後取出即可。

古早蛋糕

製作數量：1個。

產品介紹：古早蛋糕屬於一種承載記憶的傳統蛋糕。採用的是燙麵法和水浴法，所以蛋糕質地更綿密，口感細膩柔軟，入口像棉花一般輕柔。

掃碼觀看製作視頻

材料

麵糊

大豆油............180克
牛奶................160克
低筋麵粉........240克
玉米澱粉..........24克
蛋黃................225克

蛋白霜

蛋白................500克
食鹽....................5克
細砂糖............190克
檸檬汁..............20克

操作步驟

第一步：準備工作

1 在蛋糕模具內部鋪上油紙。

第二步：製作麵糊部分

2 將大豆油、牛奶倒入奶鍋中加熱至60℃。

3 倒入低筋麵粉、玉米澱粉拌勻。

4 加入蛋黃拌勻。

第三步：製作蛋白霜部分

5 將蛋白、食鹽、檸檬汁倒入攪拌桶中，倒入1/3細砂糖，中速攪拌。

6 剩餘細砂糖分2次加入，全程中速攪拌至濕性發泡。

（分次加入細砂糖可以使攪拌出來的蛋白更加細膩。）

第四步：混合部分

7 將蛋白霜部分取出1/3與蛋黃部分用刮刀翻拌均勻。

8 拌勻後加入剩下的蛋白霜，用翻拌手法繼續拌勻即可。

（翻拌時手法輕柔，儘量不要過多破壞蛋白氣泡。）

9 將其倒入鋪有油紙的蛋糕模具上。用刮刀將其表面刮平整，並輕震排氣。

（輕震可以排出蛋糕內部多餘的空氣和消泡所積累的大氣泡。）

第五步：烘烤

10 烤盤上鋪上1張濕毛巾，將蛋糕放在濕毛巾上。放入烤箱，以上火140℃、下火130℃，烘烤約90分鐘。

（墊濕毛巾的作用是降低下火溫度，增加烤箱相對濕度，使蛋糕保持濕潤。）

11 烘烤完輕震，取出脫模，移動至冷卻架上冷卻。

黑森林
酒心蛋糕捲

製作數量：6個。

產品介紹：黑森林蛋糕表面撒上黑色的巧克力碎末，如山坡下的黑色森林，黑白相間的紋理又如樹枝縫隙中透著陽光，因此得名黑森林。口感濃郁細膩的奶油，散發出蘭姆酒的醇香，口感層次更豐富。

掃碼觀看製作視頻

材料

裝飾奶油
鮮奶油............100克
細砂糖................8克

蜜桃奶油
奶油乳酪..........45克
鮮奶油............150克
細砂糖................8克
蜜桃酒................3克

糖漬櫻桃
新鮮櫻桃........100克
細砂糖..............23克
蘭姆酒................9克
檸檬汁................2克

麵糊
牛奶..................50克
大豆油..............50克
可可粉................8克
低筋麵粉..........50克
蛋黃..................45克

蛋白霜
蛋白................120克
細砂糖..............50克
檸檬汁................4克

烤後加工
裝飾奶油.......... 適量
糖漬櫻桃.......... 適量
黑巧克力碎....... 適量
櫻桃.................. 適量
糖粉.................. 適量

操作步驟

第一步：準備工作

1　在烤盤表面噴水，鋪上油紙備用。

第二步：製作裝飾奶油

2　將鮮奶油和細砂糖倒入容器中打發，冷藏備用。

第三步：製作蜜桃奶油

3　將奶油乳酪加熱軟化，攪拌至順滑狀態。

4　將鮮奶油、細砂糖倒入容器中打發。

5　步驟3的奶油乳酪中加入蜜桃酒拌勻，拌勻後一起倒入打發的奶油霜中，拌勻備用。

第四步：製作糖漬櫻桃

6　將所有糖漬櫻桃食材倒入奶鍋中小火加熱至沸騰。倒入容器中，蓋上保鮮膜，冷藏1小時備用。

第五步：製作麵糊部分

7　將牛奶、大豆油、可可粉倒入奶鍋中拌勻，加熱至微微沸騰。倒入容器中冷卻降溫至60℃。

（降溫至60℃是為了讓低筋麵粉在適當的溫度進行糊化。）

8　加入過篩後的低筋麵粉，拌勻。

9　加入蛋黃拌勻備用。

第六步：製作蛋白霜部分

10 將製作蛋白霜部分所用食材倒入攪拌桶，注意攪拌桶中無油脂、無水、無雜物。

11 攪拌至中性發泡。

第七步：混合

12 將蛋白霜部分取出1/3與麵糊部分用刮刀翻拌均勻。

13 拌勻後加入剩下的蛋白霜，用翻拌手法繼續拌勻即可。

14 將其倒入鋪有油紙的烤盤中。用刮刀將其表面刮平整，並輕震排氣。

（抹平後烘烤出來的蛋糕表面比較平整光滑。）

第八步：烘烤

15 放入烤箱，以上火180℃、下火160℃，烘烤約18分鐘。烘烤後輕震，倒扣至鋪有油紙的冷卻架上冷卻備用。

第九步：烤後加工

16 冷卻後將蛋糕移至新的油紙上，將打發好的裝飾奶油平鋪在蛋糕表面。

17 分散放上糖漬櫻桃。

18 將其捲成圓柱形，放入冰箱冷藏10分鐘定型。

19 取出，將裝飾奶油塗抹在蛋糕捲表面。

20 用硬圍邊紙（或稍硬的白紙）將其表面刮平整。

21 均勻撒上黑巧克力碎裝飾。放上櫻桃，篩1層糖粉。

紅絲絨旋風捲

製作數量：8個。

產品介紹：風靡一時的紅絲絨旋風蛋糕捲，口感軟綿，奶油夾心爽滑，味道清甜；其中紅色部分添加了紅絲絨精，顏色非常漂亮，是一款高顏值蛋糕捲。

掃碼觀看製作視頻

材料

優酪乳奶油

奶油乳酪……100克
細砂糖……10克
鮮奶油……20克
檸檬汁……適量

麵糊

水……52克
大豆油……50克
細砂糖……7克
低筋麵粉……85克
蛋黃……100克

蛋白霜

蛋白……200克
細砂糖……100克
檸檬汁……3克

紅絲絨麵糊

混合麵糊……200克
紅絲絨精……5克

第一步：準備工作

1　將油紙鋪在烤盤上。

第二步：製作優酪乳奶油

2　將奶油乳酪、細砂糖放入容器中加熱軟化，取出攪拌至順滑。

3　加入鮮奶油、檸檬汁拌勻，即可冷藏備用。

第三步：製作麵糊部分

4　水、大豆油、細砂糖放入容器中稍微拌勻。

5　加入過篩後的低筋麵粉攪拌至無乾粉狀。

6　加入蛋黃拌勻備用。

第四步：製作蛋白霜部分

7　將製作蛋白霜部分所用食材倒入攪拌桶中。

8　中速攪拌至中性發泡。

第五步：混合

9　將蛋白霜部分取出1/3與麵糊部分用刮刀翻拌均勻。

10 拌勻後加入剩下的蛋白霜，用翻拌手法繼續拌勻。

（翻拌時手法輕柔，儘量不要過多破壞蛋白氣泡。）

11 取200克混合麵糊加入5克紅絲絨精拌勻成紅絲絨麵糊，裝入擠花袋。

12 將白色混合麵糊倒入烤盤，刮板刮平。表面均勻擠上調好的紅絲絨麵糊，再次用刮板將其刮平。

13 用手指傾斜45°在麵糊中先豎向來回劃動，再橫向來回劃動，使其內部形成紋路。然後用刮板抹平表面。

第六步：烘烤

14 輕震排氣，放入烤箱，以上火175℃、下火140℃，烘烤約20分鐘。取出倒扣至冷卻架上冷卻。

（輕震可以將熱氣排出，停止膨脹。）

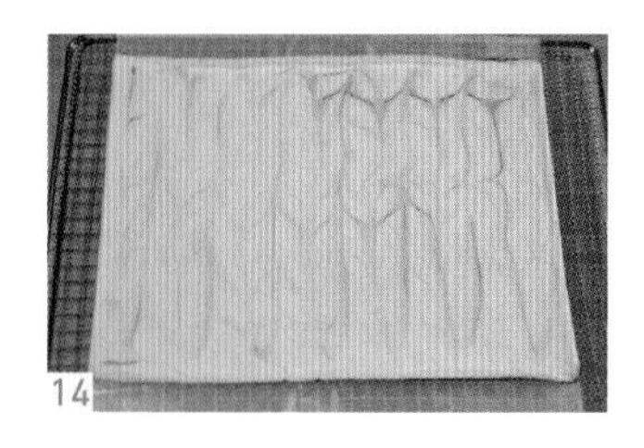

14

第七步：烤後加工

15 冷卻後在其表面均勻塗抹優酪乳奶油。

16 將其捲成圓柱形，放入冰箱冷藏10分鐘。取出切割即可。

15

16-1

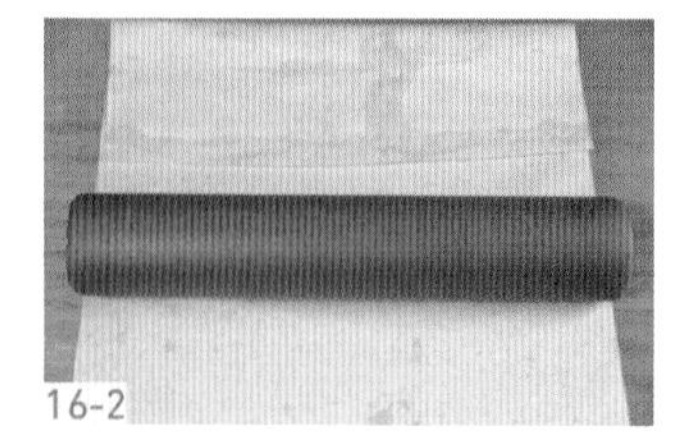

16-2

虎皮蛋糕捲

製作數量：10片。

產品介紹：焦黃的表皮無比誘人，表層的虎皮蛋香濃郁，口感彈牙，中間的蛋糕體綿軟香甜，奶油入口即化。

掃碼觀看製作視頻

材料

奶油霜

鮮奶油............120克
細砂糖................8克

麵糊

牛奶..................45克
大豆油..............40克
低筋麵粉..........55克
玉米澱粉............6克
蛋黃..................65克
香草精..............適量

蛋白霜

蛋白................130克
食鹽....................1克
細砂糖..............48克
檸檬汁................3克

虎皮

蛋黃................200克
細砂糖..............75克
玉米澱粉..........25克
大豆油..............30克

操作步驟

第一步：準備工作

1 準備2個鋪有油紙的烤盤。

第二步：製作奶油霜

2 將所有鮮奶油食材倒入容器中打發，冷藏備用。

第三步：製作麵糊部分

3 將牛奶、大豆油、低筋麵粉、玉米澱粉倒入容器中拌勻。

4 加入蛋黃、香草精繼續拌勻備用。

第四步：製作蛋白霜部分

5 將製作蛋白霜部分所用食材倒入攪拌桶中。

6 中速攪拌至中性發泡。

第五步：混合

7 將蛋白霜部分取出1/3與麵糊部分用刮刀翻拌均勻。

8 拌勻後加入剩下的蛋白霜，用翻拌手法繼續拌勻即可。

9 將其倒入鋪有油紙的烤盤上。用刮刀將其表面刮平整，並輕震排氣。

第六步：烘烤

10 放入烤箱，以上火180℃、下火160℃，烘烤約23分鐘。取出移至冷卻架上，冷卻備用。

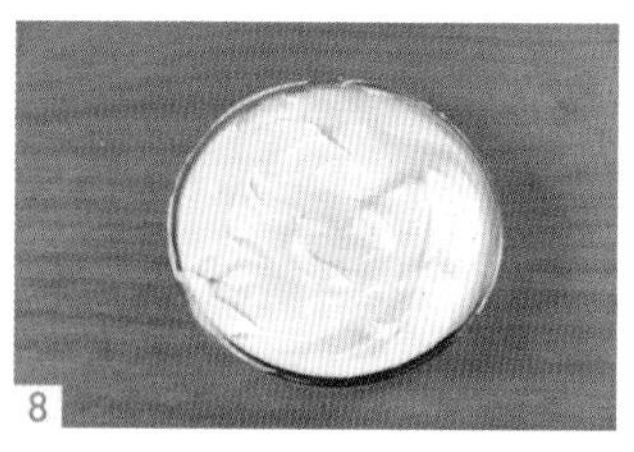

第七步：製作虎皮部分

11 將蛋黃、細砂糖倒入容器中打至發白濃稠，體積膨脹至原來2倍大。滴落時，紋路清晰，約10秒內不會消失融合即可。

（可以用竹籤來測試攪拌程度，可以立起來說明攪拌充分。）

12 加入玉米澱粉拌勻。邊攪拌邊緩慢加入大豆油拌勻。

（倒入時需緩慢沿著容器邊緣倒入，油脂較重容易沉底。）

13 倒入鋪有油紙的烤盤上用刮刀刮平整。

14 放入烤箱，以上火230℃、下火100℃，烘烤約7分鐘，至表面出現虎紋。取出冷卻備用。

（提前預熱好烤箱是烤好虎皮蛋糕的關鍵之一。）

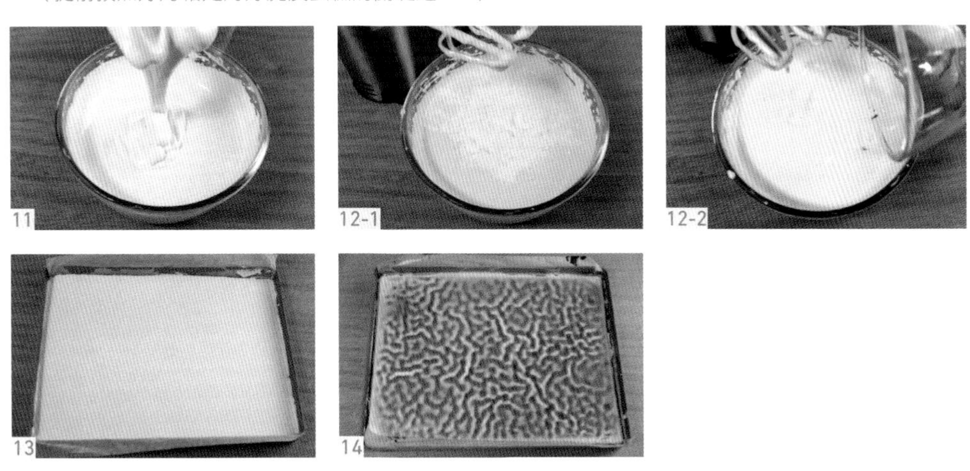
11 12-1 12-2 13 14

第八步：烤後裝飾

15 將蛋糕移至新油紙上，表面塗抹鮮奶油。

16 將其捲成圓柱形，放入冰箱，冷藏定型10分鐘。

17 將虎皮倒扣在新油紙上，塗抹鮮奶油霜。

18 把定型好的蛋糕捲放置于虎皮中間。

19 讓虎皮將蛋糕捲完全包裹，冷藏定型5分鐘。取出切割。

15 16 17 18 19-1 19-2

輕乳酪蛋糕

掃碼觀看製作視頻

製作數量：1個。

產品介紹：輕乳酪蛋糕是一款味道濃郁的甜品，口感濕潤軟綿，入口即化，味道香醇，冷藏後口感更佳。

材料

麵糊

- 奶油乳酪……80克
- 奶油……48克
- 蛋黃……40克
- 低筋麵粉……28克
- 玉米澱粉……2克
- 牛奶……80克

蛋白霜

- 蛋白……112克
- 細砂糖……60克
- 檸檬汁……4克

表面裝飾

- 蜂蜜……適量

操作步驟

第一步：準備工作

1 將模具塗抹2次奶油備用。

2 裁剪出模具底部大小的油紙，將油紙墊在模具底部。

第二步：製作麵糊部分

3 將奶油乳酪放入容器中加熱至完全軟化，攪拌至順滑。
（隔水軟化或者微波爐中火加熱一分鐘。）

4 加入奶油拌勻，再加入蛋黃攪拌均勻。

5 加入低筋麵粉攪拌均勻。

6 加入牛奶後攪拌均勻。

1

2

3

4

5

6

7　拌匀後過篩，加入玉米澱粉拌匀。

8　麵糊放入溫水浸泡，溫度保持在約45℃。

（麵糊內含有奶油、奶油乳酪等，為避免與蛋白霜混合時結塊凝固，所以麵糊溫度保持在45℃~50℃。）

第三步：製作蛋白霜部分

9　將製作蛋白霜部分所用材料中速打至中性發泡。

7

8

9

第四步：混合

10 將打發好的蛋白霜取1/3與麵糊用刮刀翻拌拌均勻。

11 再倒入剩下的蛋白霜翻拌均勻。

12 倒入備好的模具中，輕震排氣。放入烤盤中。

13 放入烤箱中，倒入1升的冰水在烤盤中，水浴法烘烤。以上火150℃、下火140℃烘烤約70分鐘。取出脫模冷卻。

（冰水可以讓蛋糕底部前期保持低溫不膨脹，讓其表皮先定型。可防止烘烤出來的蛋糕表皮裂開。）

14 冷卻後塗抹蜂蜜。

10

11

12

13

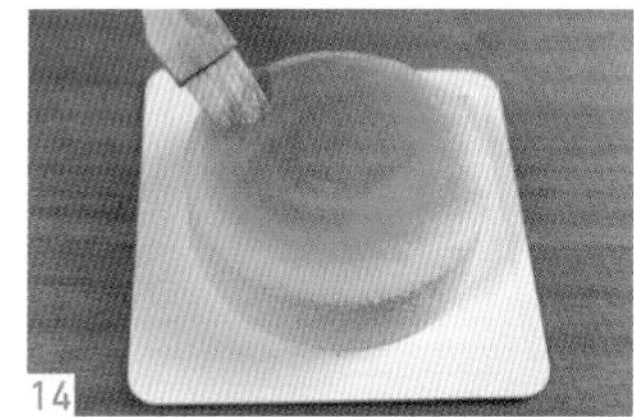
14

牛奶戚風蛋糕

製作數量：1個。

產品介紹：牛奶戚風蛋糕是蛋糕的基本類型，其組織膨鬆，水分含量高，味道清淡不膩，口感滋潤嫩爽。

材料

麵糊

牛奶……45克
大豆油……40克
低筋麵粉……50克
玉米澱粉……6克
蛋黃……60克

蛋白霜

蛋白……125克
食鹽……1克
海藻糖……15克
細砂糖……32克
檸檬汁……3克

第一步：製作麵糊部分

1 將牛奶、大豆油混勻，加入低筋麵粉、玉米澱粉攪拌至無乾粉狀。

2 加入蛋黃拌勻備用。

第二步：製作蛋白霜部分

3 將製作蛋白霜部分所用食材倒入攪拌桶中。
（注意攪拌桶內無油脂、無水、無雜物，避免影響蛋白起泡。）

4 攪拌至乾性發泡即可。
（蛋白乾性發泡適合一些體積較大，高度較高的蛋糕。乾性發泡具有較好的支撐力。）

第三步：混合

5 將蛋白霜部分取出1/3與蛋黃部分用刮刀翻拌均勻。

6 拌勻後加入剩下的蛋白霜，用翻拌手法繼續拌勻即可。

7 將其倒入蛋糕模具中。

第四步：烘烤

8 輕震排氣。放入烤箱，以上火170℃、下火160℃，烘烤約30分鐘。

9 取出，倒扣至冷卻架上冷卻後，脫模。

PART 09 餅乾

布列塔尼酥餅

製作數量：9個。

產品介紹：布列塔尼酥餅，是一款法國傳統小點心，以大量發酵奶油製成，還帶有鹹味。製作起來非常簡單，具有酥脆的口感和奶油的清香，是一款很不錯的下午茶點心。

掃碼觀看製作視頻

材料

餅乾體

奶油……110克
糖粉……60克
海鹽……1克
蛋黃……28克
低筋麵粉……110克
杏仁粉……20克
蘭姆酒……10克

表面裝飾

雞蛋液……適量
堅果……適量

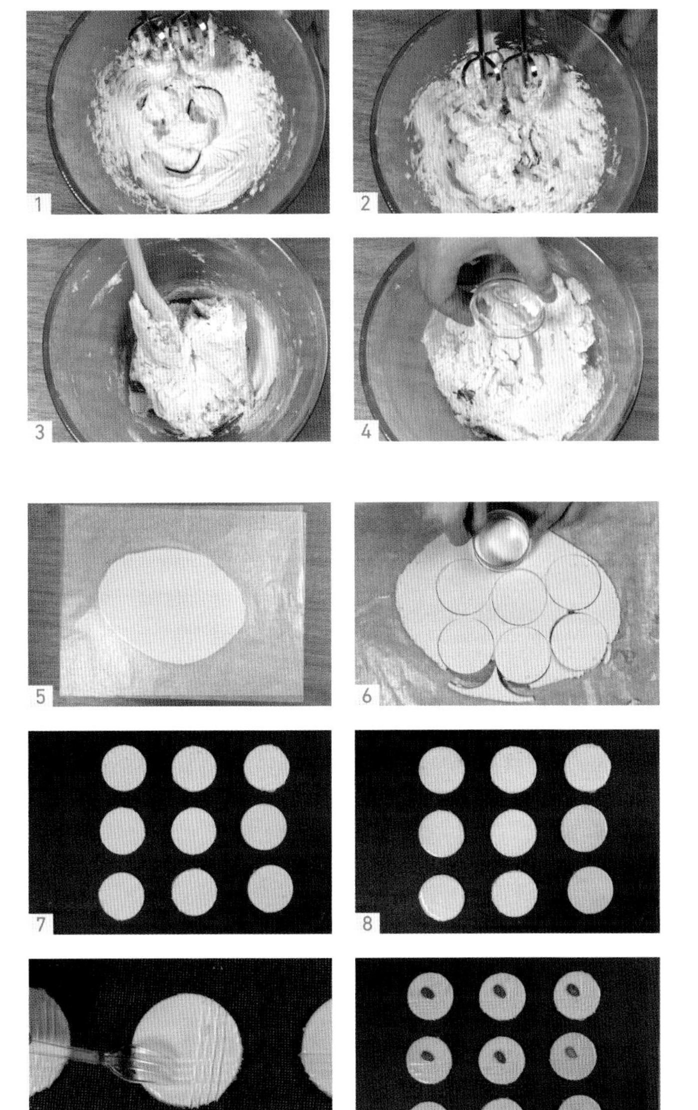

操作步驟

第一步：製作餅乾體

1 將奶油、糖粉、海鹽倒入容器中，用電動打蛋器攪拌至發白。

（奶油需提前室溫軟化，糖粉需過篩1遍，避免攪拌不勻。）

2 倒入蛋黃攪拌均勻。

3 加入低筋麵粉、杏仁粉，用刮刀拌勻。

4 倒入蘭姆酒，用刮刀拌勻。

第二步：冷凍

5 將拌勻的餅乾團放在油紙上，表面再蓋1張油紙，用擀麵棍擀至0.6公分厚，放入冰箱冷凍30分鐘。

6 用略小於塔皮模具的圓形模具按壓出圓形餅乾。

7 把按壓好的餅乾放在耐高溫矽膠墊上排列整齊。

8 表面刷2次蛋液。

9 用叉子劃出紋路。

10 表面放1粒堅果。

第三步：烘烤

11 套上圓形塔皮模具即可放入烤箱，以上火190℃、下火170℃，烘烤約18分鐘。

蔓越莓曲奇

製作數量：30個。

產品介紹：曲奇可解釋為細小而扁平的蛋糕式餅乾。加入蔓越莓乾，酸酸甜甜的曲奇口感緊實細膩、香酥黏軟，讓人回味無窮！非常適宜作為零食、下午茶點心食用。

材料

奶油……………120克
糖粉……………76克
食鹽……………1克
蛋白……………12克
中筋麵粉……168克
奶粉……………12克
蔓越莓乾（蘭姆酒泡軟）…60克

掃碼觀看製作視頻

第一步：製作蔓越莓曲奇

1 提前3小時將蔓越莓乾泡軟，加入適量蘭姆酒冷藏8小時，取出切碎備用。

2 將奶油、糖粉、食鹽用電動攪拌器攪拌至微發，加入蛋白、奶粉攪拌均勻。
（奶油需提前取出，於室溫軟化。）

3 加入過篩後的中筋麵粉，用刮刀拌勻。

4 最後加入切碎的蔓越莓乾拌勻。

5 表面包裹一張油紙，放入模具中冷凍定型。
（沒有U形模具可自行用手搓成長方體，再用油紙包裹，冷凍定型。）

6 取出，切成0.5公分厚的薄片。

第二步：烘烤

7 整齊排列在墊有高溫布的烤盤上，以上火170℃、下火140℃，烘烤約21分鐘，至金黃色。

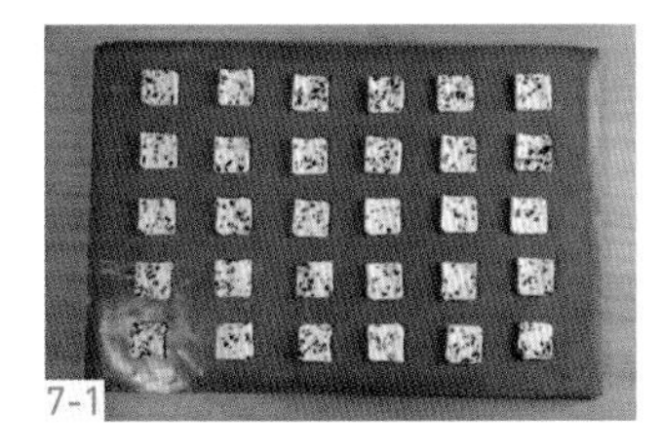

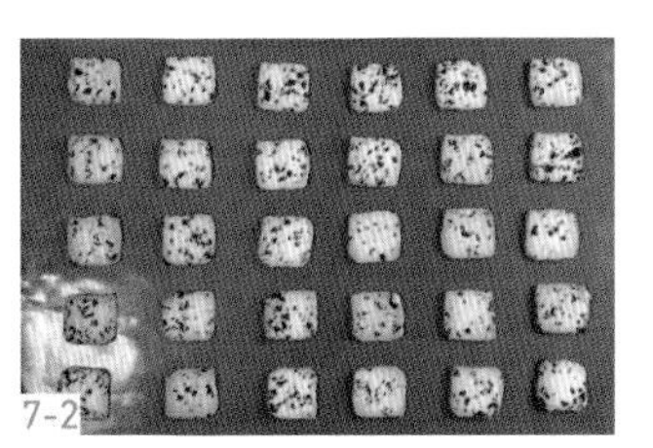

美式曲奇

掃碼觀看製作視頻

製作數量：25個。

產品介紹：美式曲奇特別粗獷和樸素，口感酥脆，奶油焦香濃郁，餡料豐富。

材料

奶油	190克	咖啡粉	3克	低筋麵粉	88克
赤砂糖	120克	蛋黃	30克	香草精	適量
細砂糖	50克	小蘇打	5克	黑巧克力	160克
海鹽	2克	高筋麵粉	128克		

1

2

3

4-1

4-2

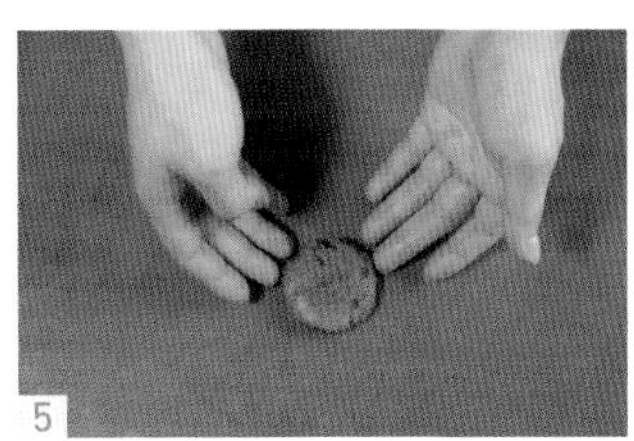

5

操作步驟

第一步：製作美式曲奇

1 將奶油放入奶鍋中，中火加熱至褐色後倒入容器中。

（此時的奶油有輕微的焦味，口味更為獨特。）

2 倒入赤砂糖、細砂糖、海鹽、咖啡粉，拌勻後放入冰箱冷藏凝固。

（奶油凝固後攪拌是為了儘量保留空氣，這樣烘烤出的餅乾更加酥脆。）

3 凝固後取出，用打蛋器將其攪拌至微微發白。倒入蛋黃拌勻。

4 加入小蘇打、高筋麵粉、低筋麵粉後繼續拌勻，最後加入香草精、黑巧克力拌勻即可。

5 將其分割成30克/個，放置於墊有高溫布的烤盤上。用手掌輕輕按扁。

第二步：烘烤

6 放入烤箱中，以上火170℃、下火145℃，烘烤約18分鐘。

6

杏仁瓦片

掃碼觀看製作視頻

製作數量：10個。

產品介紹：杏仁瓦片又稱為薄脆杏仁瓦片，是一款著名的法式甜點，因外形像瓦片而得名。口感酥脆，香甜不膩，杏仁味道十足，深受大家喜愛。

材料

糖粉……48克	蛋白……48克	杏仁片……57克
大豆油……24克	低筋麵粉……22克	

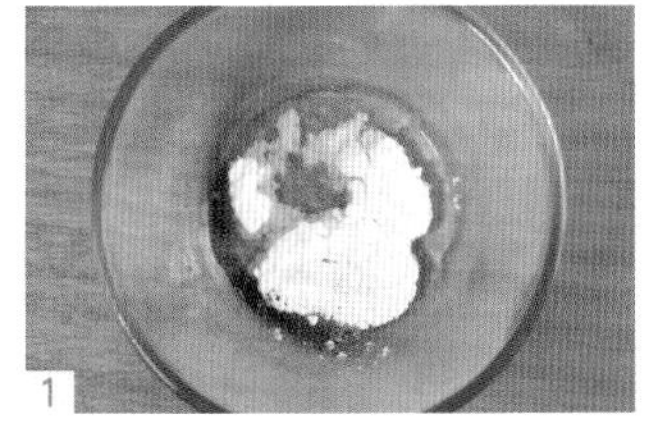
1

2

3

4

操作步驟

第一步：製作杏仁瓦片

1 將糖粉、大豆油、蛋白倒入容器中。

2 攪拌均勻。

3 加入低筋麵粉再次拌勻。

4 加入杏仁片拌勻。

第二步：烘烤

5 將其平鋪在墊有高溫布的烤盤上。放入烤箱，以上火170℃、下火140℃，烘烤約15分鐘，至金黃色。

6 取出，冷卻後掰成碎塊即可。

5-1

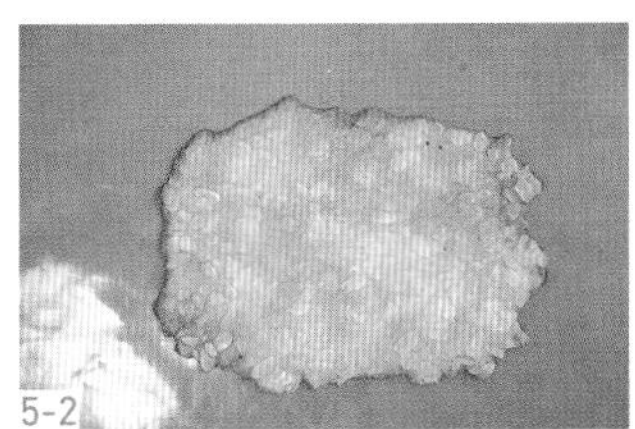
5-2

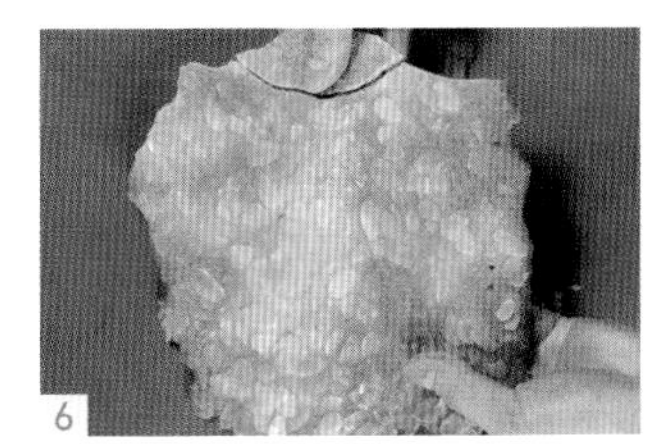
6

椰子奶曲奇

製作數量：56個。

產品介紹：椰子奶曲奇屬於餅乾的一種，以低筋麵粉等為原料，以糖粉、奶油等為調料。散發濃濃的奶香味和椰香味，口感與風味並存。

掃碼觀看製作視頻

材料

奶油................200克
細砂糖..............65克
食鹽....................1克
椰奶................150克
椰蓉..................30克
低筋麵粉........325克
裝飾用細砂糖...適量

第一步：製作椰子奶曲奇

1 將奶油、細砂糖、食鹽放入容器中，用電動打蛋器攪拌至微微發白。

2 分3次加入椰奶拌勻。
（倒入剩下的液體前需將上一次加入的液體拌勻後再加入。）

3 加入椰蓉拌勻。

4 加入過篩後的低筋麵粉，攪拌成團。

5 成團後放在油紙上，放入冰箱冷藏20分鐘。

6 取出麵團，整型成直徑約7公分的圓柱形。
（整型時中間容易空心，冷藏取出後先按揉回軟。）

7 在其表面沾黏1層細砂糖後放入冰箱冷凍20分鐘。

8 取出，切割成0.8公分厚的薄片。
（用於切割餅乾的刀具需較鋒利。）

第二步：烘烤

9 排列在烤盤上，放入烤箱上火170℃、下火140℃，烘烤約22分鐘，至金黃色即可。

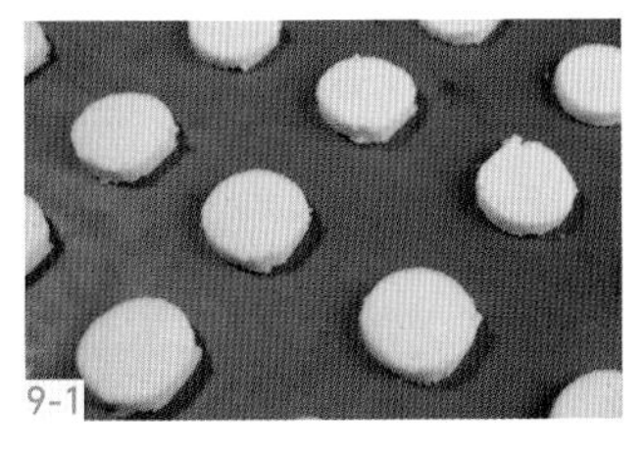

奶油曲奇

掃碼觀看製作視頻

製作數量：24個。

產品介紹：曲奇餅乾屬於西式奶油點心，色澤鮮亮，麥味和奶香濃郁，酥鬆可口，有著奶油的醇厚。製作簡單，營養豐富。

材料

奶油……150克	食鹽……1克	低筋麵粉……180克
糖粉……40克	鮮奶油……75克	玉米澱粉……33克

1

2

3

4

5

第一步：製作奶油曲奇

1 將奶油、糖粉、食鹽放入容器中，用打蛋器充分攪拌至發白。

（充分攪拌是為了讓油脂內填充大量的空氣，這樣做出來的餅乾更加酥脆。）

2 倒入鮮奶油繼續攪拌均勻。

3 加入過篩後的低筋麵粉、玉米澱粉。

4 用刮刀拌勻即可。

（加入粉類後切勿過度攪拌，避免油脂分離。）

5 裝入裝有8齒擠花嘴的擠花袋中。

6-1

6-2

第二步：烘烤

6 在墊有高溫布的烤盤上擠出花形，即可放入烤箱，以上火165℃、下火130℃，烘烤約25分鐘。

葡萄薄脆餅

製作數量：18個。

產品介紹：葡萄薄脆餅是一款熱門的小甜點，它屬於曲奇餅乾。外觀金黃色，口感非常酥鬆並且奶香味十足。配上葡萄乾，是一款充滿驚喜的餅乾。

掃碼觀看製作視頻

材料

糖粉........................125克
奶油........................125克
食鹽............................1克
雞蛋........................100克
低筋麵粉 150克
葡萄乾
（用蘭姆酒泡軟）........80克

第一步：準備工作

1　將葡萄乾用溫水浸泡3小時，瀝乾，加入適量蘭姆酒拌勻，冷藏8小時備用。

1

第二步：製作葡萄薄脆餅

2　將糖粉、奶油、食鹽加入容器中攪拌均勻。

3　加入雞蛋拌勻。

4　加入過篩後的低筋麵粉拌勻。

5　取出冷藏好的葡萄乾拌勻。

6　將拌勻的麵糊放在油紙上，表面蓋1張油紙，用擀麵棍擀薄至0.3公分厚。

7　放入冰箱冷凍15分鐘定型，取出，用圖案模具按壓出薄片，放入烤盤。

2

3

4

5

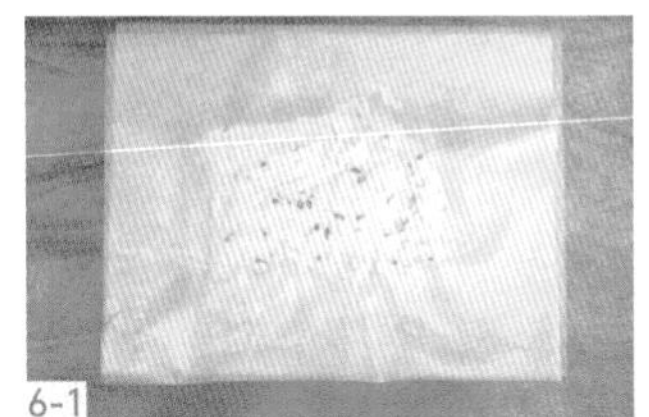
6-1

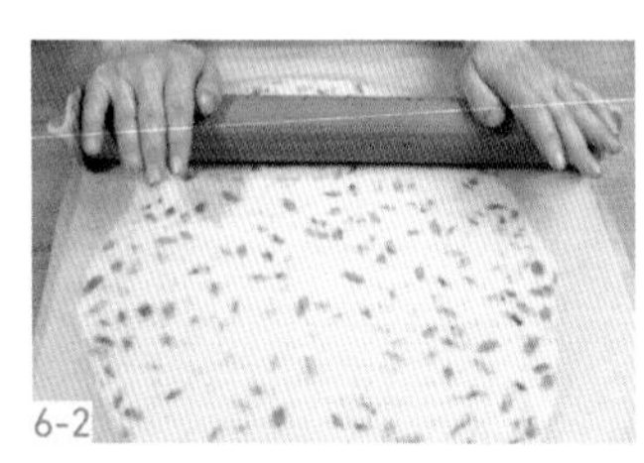
6-2

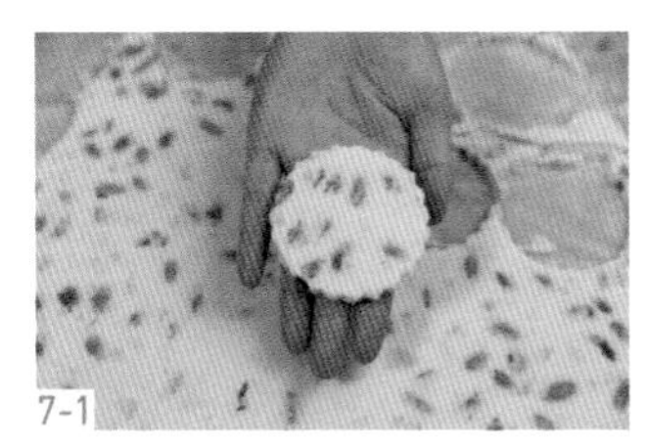
7-1

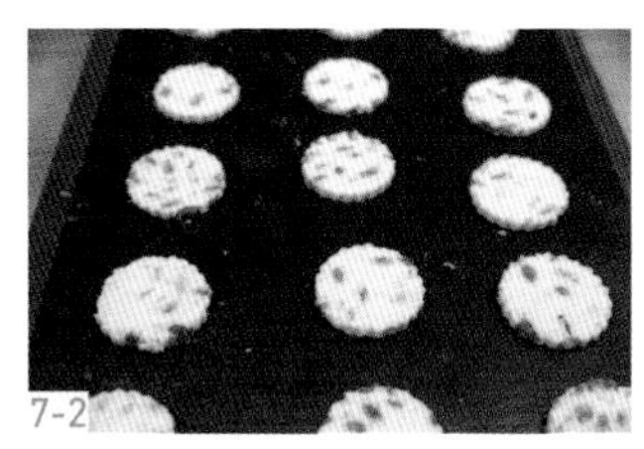
7-2

第三步：烘烤

8　放入烤箱，以上火180℃、下火160℃，烘烤約16分鐘。

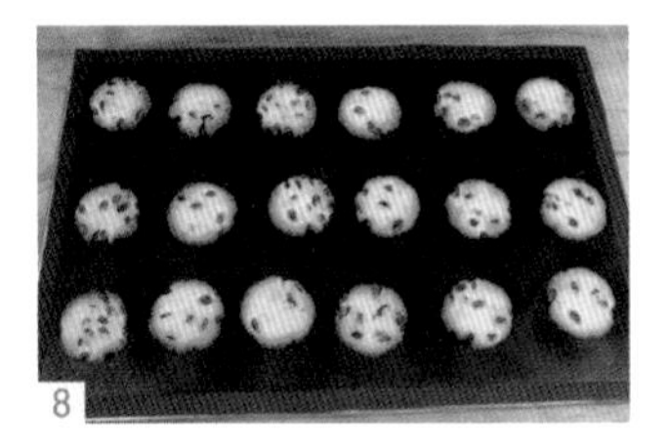
8

花生醬杏仁夾心餅乾

製作數量：16個。

產品介紹：愛吃花生的不要錯過這款餅乾！加入巧克力夾心，吃起來特別香。

掃碼觀看製作視頻

材料

夾心醬

黑巧克力	80克
花生醬	40克

餅乾體

奶油	145克
赤砂糖	57克
花生醬	60克
牛奶	10克
雞蛋	30克
杏仁粉	30克
低筋麵粉	190克
裝飾用花生碎	適量

第一步：製作夾心醬

1 將夾心醬所有材料加熱至融化，裝入擠花袋中放入冰箱，冷藏備用。

第二步：製作餅乾體

2 將奶油、赤砂糖倒入容器中攪拌至微發。

3 加入花生醬、牛奶、雞蛋攪拌均勻。

4 加入杏仁粉、低筋麵粉拌勻即可裝入擠花袋中。
（切勿過度攪拌，避免油脂分離。）

5 將麵糊擠在墊有高溫布的烤盤上，成等長的條狀。

6 表面均勻噴上水，撒上花生碎即可烘烤。

第三步：烘烤

7 放入烤箱，以上火180℃、下火150℃，烘烤約18分鐘後冷卻備用。

第四步：烤後加工

8 取出冷卻好的餅乾，底部擠上適量的夾心醬，再蓋上1塊餅乾即可。

巧克力沙布列

掃碼觀看製作視頻

製作數量：12個。

產品介紹：沙布列是一種傳統法式酥餅。入口即化的酥鬆口感，帶著濃郁的巧克力味，加上酥脆的焦糖堅果，一點都不油膩。

材料

巧克力甘納許

鮮奶油............112克
玉米糖漿..........60克
黑巧克力........112克
奶油..................60克

焦糖堅果

麥芽糖.............20克
細砂糖.............60克
水.....................20克
可可粉................6克
堅果碎.............80克
奶油..................50克

餅乾體

奶油................180克
糖粉................140克
雞蛋..................70克
中筋麵粉........340克
杏仁粉.............50克
可可粉.............20克

操作步驟

第一步：製作巧克力甘納許

1 將鮮奶油、黑巧克力放入容器中加熱至巧克力融化。
2 加入奶油、玉米糖漿拌勻，備用。

第二步：製作可哥沙布列

3 將奶油、糖粉放入容器中拌勻。
4 加入雞蛋繼續攪拌均勻。
5 加入中筋麵粉、杏仁粉、可可粉攪拌至成團。
6 成團後放在高溫布或油紙上，用擀面棍擀至0.3公分厚，放入冰箱冷凍20分鐘。

1

2

3

4

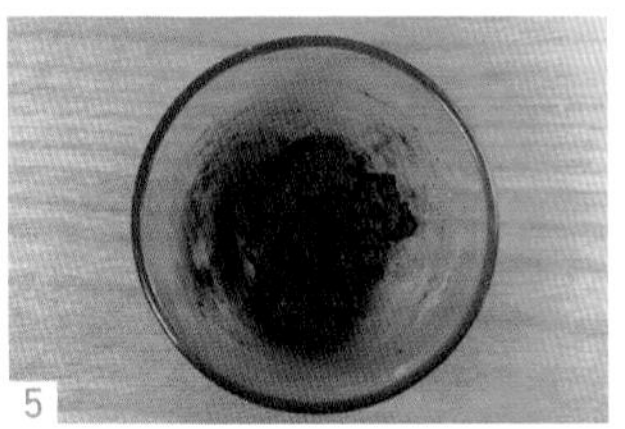
5

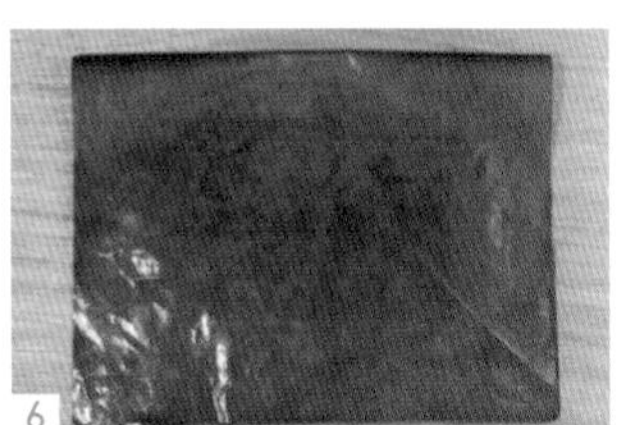
6

第三步：製作焦糖堅果

7 將麥芽糖、細砂糖、水倒入奶鍋中煮至沸騰。

8 倒入可可粉繼續煮至105℃。

9 加入堅果碎拌勻。

10 加入奶油拌勻備用。

第四步：組合烘烤

11 取出冷凍好的可可沙布列，用模具按壓出形狀。

12 一半保留圓形，另一半用略小的模具按壓成中空的圓圈。

13 中空的餅乾中間放入適量的焦糖堅果。

14 保留圓形的餅乾表面用牙籤戳洞。

15 放入烤箱，以上火175℃、下火150℃，烘烤19分鐘，至完全烤熟。

第五步：烤後加工

16 在烤好的圓形的餅乾上擠上適量的巧克力甘納許。

17 放上有焦糖堅果的餅乾，稍微黏合即可。

奶酥奶黃餅

製作數量：10個。

產品介紹：奶酥奶黃餅酥鬆綿軟，吃進嘴裡鹹鹹沙沙的口感，搭配上曲奇酥皮，入口即化。

掃碼觀看製作視頻

材料

奶酥皮

奶油……125克
糖粉……40克
煉乳……10克
蛋黃……25克
低筋麵粉……210克

表面裝飾

蛋黃液……適量

奶黃餡

鹹蛋黃……60克
奶油乳酪……64克
細砂糖……34克
食鹽……1克
鮮奶油……33克
玉米糖漿……20克
雞蛋……80克
澄粉……49克
低筋麵粉……5克
白酒……適量

第一步：製作奶酥皮

1 將奶油與糖粉在容器中攪拌均勻。

2 加入煉乳，分2次加入蛋黃，攪拌至完全融合。
（分次加入液體可以使其快速融合。）

3 最後加入低筋麵粉攪拌成團，冷藏鬆弛20分鐘。

1

2

3

第二步：製作奶黃餡

4 將噴有白酒的鹹蛋黃放入烤箱，上、下火180℃烘烤10分鐘，至完全熟透，過篩備用。

5 將奶油乳酪、細砂糖、食鹽放入容器中，微波爐中火加熱1分鐘至完全軟化後拌勻。

6 加入鮮奶油、玉米糖漿、雞蛋拌勻。

7 加入過篩後的澄粉、低筋麵粉拌勻。

8 倒入奶鍋中小火翻炒至成黏稠。

9 加入過篩後的鹹蛋黃，翻炒成團備用。
（儘量將奶黃餡中水分炒乾，避免烘烤時水蒸氣將表皮撐破。）

4-1 4-2 5 6 7 8 9-1 9-2

第三步：組合

10 將奶酥皮分割成18克/個，奶黃餡分割成30克/個，滾圓備用。

11 將奶酥皮揉軟按壓成掌心大小，放上奶黃餡，將其包裹成球形。

12 放置於烤盤上，用手掌輕輕按扁。

13 表面刷2次蛋黃液。

（刷完1次蛋黃液後靜置3分鐘後再次刷蛋黃液，顏色更均勻。）

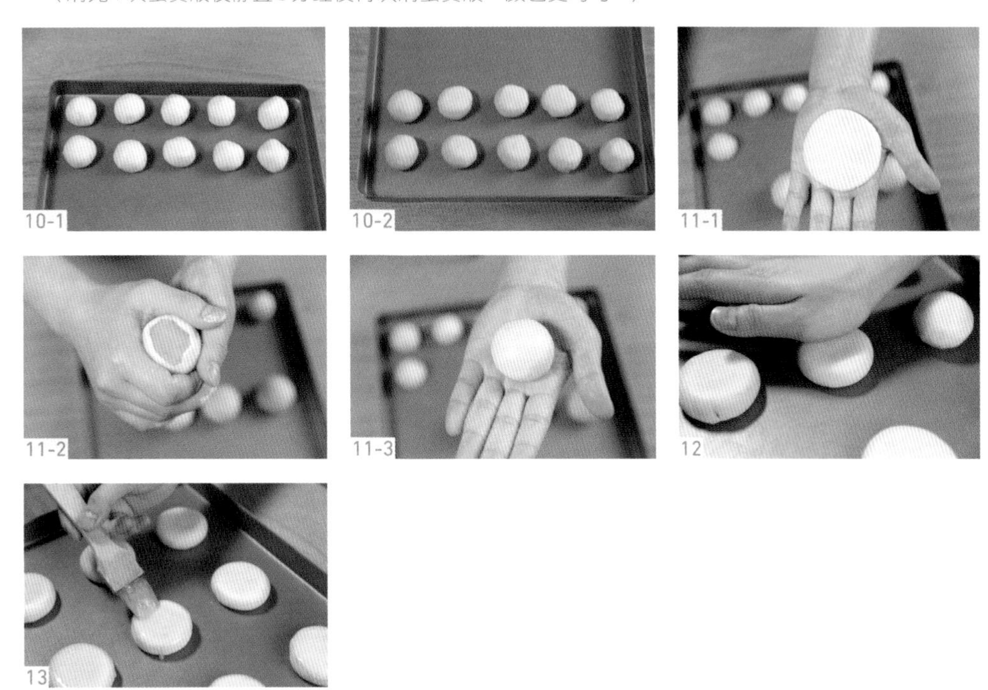
10-1 10-2 11-1 11-2 11-3 12 13

第四步：烘烤

14 用叉子在其表面劃上劃痕，即可放入烤箱，以上火210℃、下火175℃，烘烤約14分鐘。

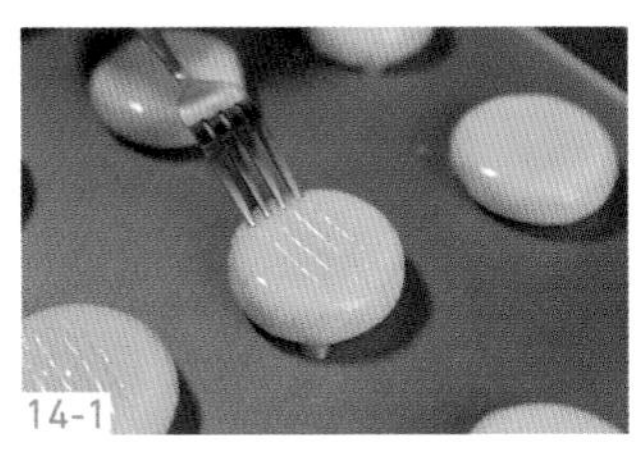
14-1

14-2

焦糖咖啡佛羅倫斯酥餅

掃碼觀看製作視頻

製作數量：12個。

產品介紹：佛羅倫斯酥餅起源於義大利的一場婚禮，烤好後呈現非常漂亮的蕾絲狀，又稱蕾絲餅乾。口感像酥脆的焦糖杏仁搭配著曲奇一樣酥酥的餅乾，奶香濃郁。

餅乾體

鮮奶油 15克
咖啡粉 5克
黑巧克力 40克
奶油.............100克
糖粉...............40克
低筋麵粉 150克

焦糖咖啡堅果醬

咖啡粉 5克
鮮奶油 90克
玉米糖漿 33克
細砂糖 80克
水 33克
奶油...............30克
堅果碎 120克

第一步：製作餅乾體

1 將咖啡粉、鮮奶油、黑巧克力倒入容器中加熱，使其完全融合。
2 將奶油、糖粉放入容器中，用電動打蛋器攪拌至微微發白。
3 加入步驟1材料攪拌均勻。
4 加入過篩後的低筋麵粉，用刮刀攪拌成團。
5 放在高溫布（油紙）上，用擀麵棍將其擀成長20公分、寬15公分的長方形。
6 放入烤盤中，放入烤箱，以上火190℃、下火160℃，進行約18分鐘的第一次烘烤。取出冷卻備用。

1

2

3

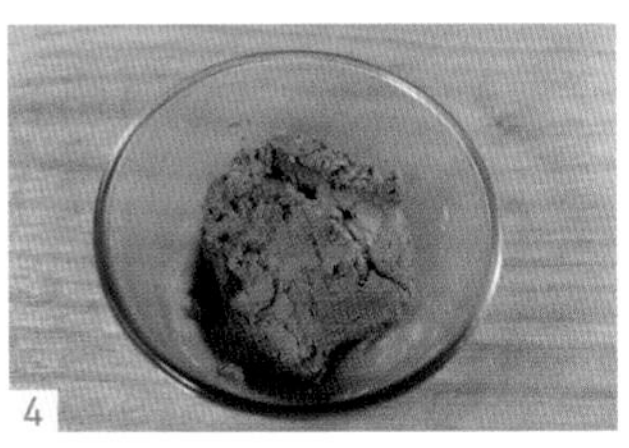
4

5

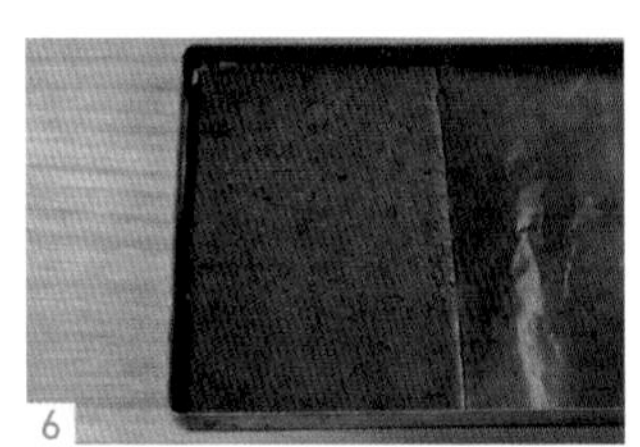
6

第二步：製作焦糖咖啡堅果醬

7 將咖啡粉、鮮奶油加入容器中加熱至融化，攪拌均勻。
8 將玉米糖漿、細砂糖、水倒入奶鍋中煮至焦糖色。
9 將步驟7的液體倒入奶鍋中拌勻。
10 加入奶油拌勻。
11 加入堅果碎拌勻即可。

第三步：組合烘烤

12 將堅果醬平鋪在餅乾上方，放入烤箱，以上火190℃、下火160℃，進行約23分鐘的第二次烘烤。
13 烘烤後即可切塊。

肉鬆蛋黃酥脆餅乾

掃碼觀看製作視頻

製作數量：40個。

產品介紹：肉鬆蛋黃酥脆餅乾採用傳統起酥工藝。口感層層酥脆，既有鹹蛋黃的鹹香，又有奶油的奶香，層次豐富，酥到掉渣，一口難忘。

材料

油酥

肉鬆..................25克
鹹蛋黃..............60克
豬油..................50克
食鹽.....................3克
低筋麵粉..........90克

油皮

低筋麵粉........200克
奶粉..................20克
水...................110克
細砂糖..............25克
奶油..................35克

表面裝飾

細砂糖..............適量
杏仁片..............適量

操作步驟

第一步：製作油酥

1 鹹蛋黃放入烤箱烤熟至出油，過篩。
2 將豬油、食鹽、低筋麵粉放入容器中拌勻，再倒入肉鬆、過篩後的鹹蛋黃拌勻。
3 拌勻的麵團放在高溫布或油紙上，用擀麵棍成長方形，即可放入冰箱冷藏。

第二步：製作油皮

4 將製作油皮的所有材料倒入攪拌機中攪拌成團。

5 取出，滾圓，蓋上保鮮膜鬆弛15分鐘。

6 放在案板上擀至比油酥大1倍。

7 取出冷藏好的油酥置於麵團中間，將其完全包裹。

8 用擀麵棍將其擀長。

9 將擀好的麵團折疊成3層。蓋上保鮮膜冷藏鬆弛20分鐘。
（步驟8、9重複2遍）

10 最後擀成0.8cm厚，表面塗抹蛋白，撒上適量的細砂糖和杏仁片。

11 將其切割成寬1公分、長10公分的長方形，排列在烤盤上。

第三步：烘烤

12 放入烤箱，以上火180℃、下火160℃，烘烤約16分鐘，至金黃色。

PART 10 西式點心

法式馬卡龍

製作數量：16個。

產品介紹：馬卡龍是法式小圓餅，是一種用蛋白、杏仁粉、細砂糖和糖霜製作，中間夾有果醬或者奶油的法式甜點，外形色彩繽紛，口感豐富，外脆內柔，精緻小巧。

材料

開心果卡士達餡

細砂糖……30克
雞蛋……30克
低筋麵粉……23克
牛奶……150克
開心果醬……10克

杏仁麵糊

糖粉……90克
杏仁粉……90克
食用色粉……適量

蛋白霜

細砂糖……70克
蛋白……75克

烤後加工

開心果卡士達餡……適量
凍乾草莓粒……適量
樹莓醬……適量

操作步驟

第一步：製作卡士達餡

1 將細砂糖、雞蛋拌勻，加入低筋麵粉拌勻。
2 牛奶倒入奶鍋中煮沸。倒入步驟1材料中拌勻。
3 倒回奶鍋中小火煮至黏稠，冷卻。
4 冷卻後加入開心果醬拌勻，冷藏備用。

第二步：製作杏仁麵糊

5 除了色粉，將麵糊所有食材混勻過篩2遍，加入色粉備用。
（過篩可以讓較粗顆粒的杏仁粉分離開來，更好地與糖粉融合。）

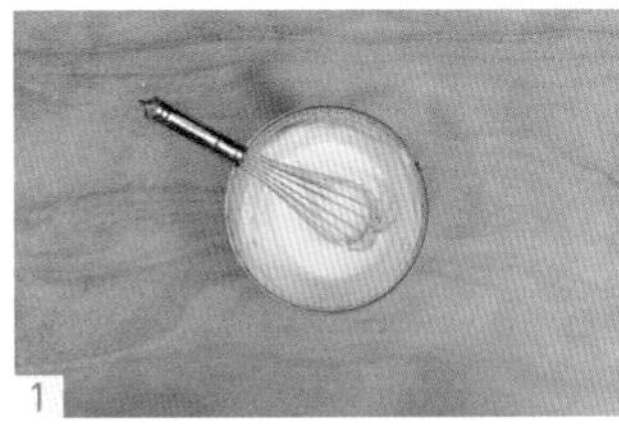
1

2

3

4

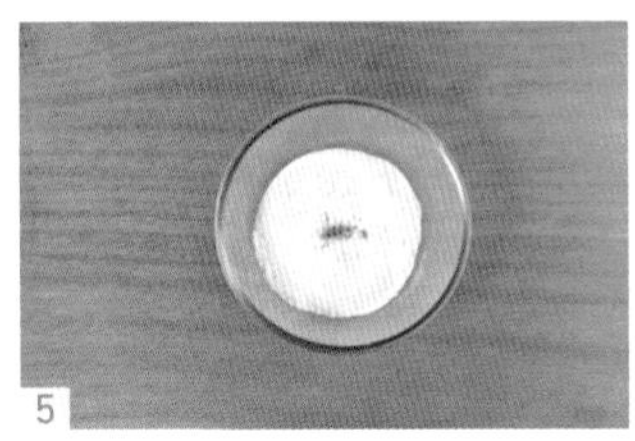
5

第三步：製作蛋白霜部分

6　將蛋白倒入容器中，倒入1/3細砂糖，剩下的細砂糖分2次加入。

（分次加入細砂糖可以讓攪拌出來的蛋白霜更細膩。）

7　攪拌至中性發泡。

第四步：混合

8　將杏仁麵糊倒入蛋白霜部分中，用翻拌手法拌勻。裝入帶有擠花嘴的擠花袋中。

（翻拌手法須較輕柔，順著一個方向翻拌，可以儘量避免蛋白霜消泡。）

9　均勻擠在矽膠墊上，輕震使其稍微攤開。

10 用風扇吹至表面不黏手為止。

第五步：烘烤

11 放入烤箱，以上火155℃、下火150℃，烘烤約13分鐘。

6　7　8-1　8-2　9　10　11

第六步：烤後加工

12 待冷卻後，將一半餅乾翻面，底部擠上開心果卡士達餡，中間擠入樹莓醬，再蓋上1片馬卡龍，側面沾黏適量的凍乾草莓粒。

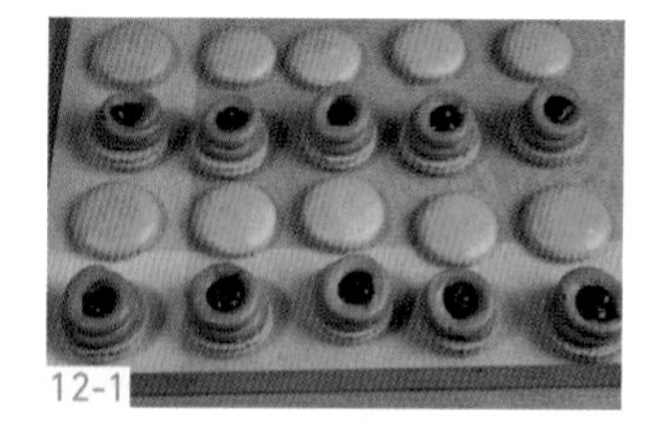

12-1

12-2

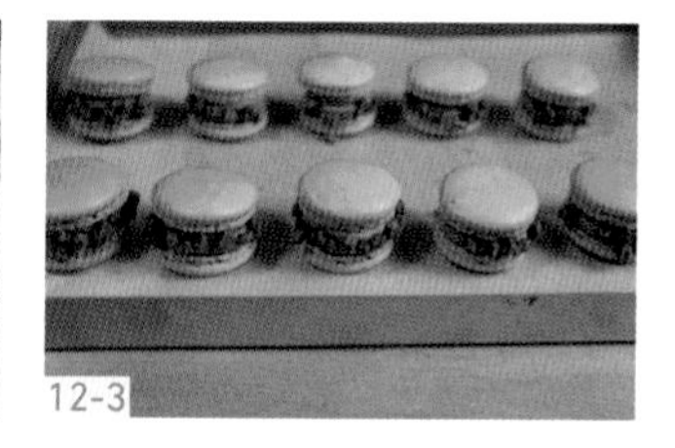

12-3

義式馬卡龍

- 製作數量：16個。
- 產品介紹：馬卡龍，意為少女的「酥胸」，又稱瑪卡龍。一口下去外表脆脆的，內裡軟軟的，當整個外殼被咬碎後又有點像牛軋糖黏韌的感覺，這是義式馬卡龍獨特的口感。

材料

卡士達餡

細砂糖..............30克
雞蛋..................30克
低筋麵粉..........23克
牛奶................150克
香草精..............10克

杏仁麵糊

杏仁粉............125克
糖粉................125克
蛋白..................41克
食用色粉..........適量

蛋白霜

蛋白..................43克
細砂糖............125克
水......................30克

烤後加工

開心果碎..........適量
開心果卡士達餡
..........................適量
芒果果醬..........適量

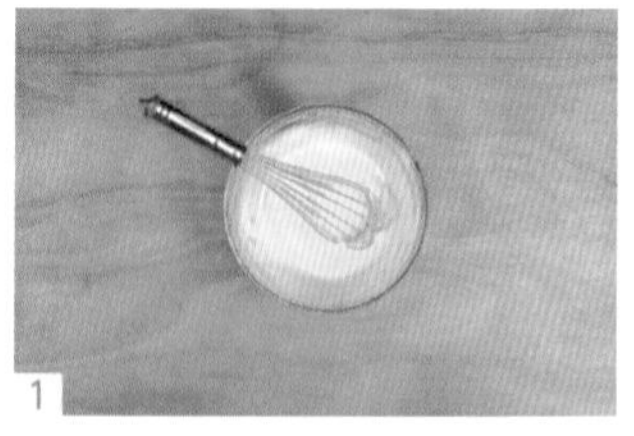

1

2

3

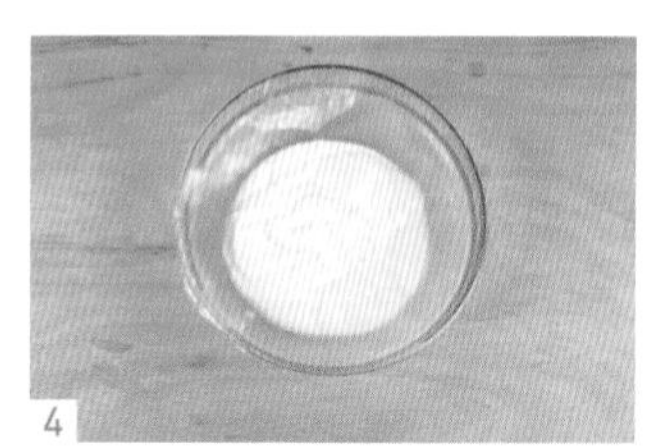

4

第一步：製作卡士達餡

1 將細砂糖、雞蛋拌勻，加入低筋麵粉拌勻。
2 牛奶倒入奶鍋中煮沸。倒入步驟1的材料中拌勻。
3 倒回奶鍋中，加入香草精，小火煮至黏稠。
4 待冷卻後冷藏備用。

5

6

7

第二步：製作杏仁麵糊

5 杏仁粉、糖粉用篩網過篩2遍。
（過篩可以讓較粗顆粒的杏仁粉分離開來，更好地與糖粉融合。）
6 加入蛋白攪拌成團。
7 加入食用色粉拌勻。

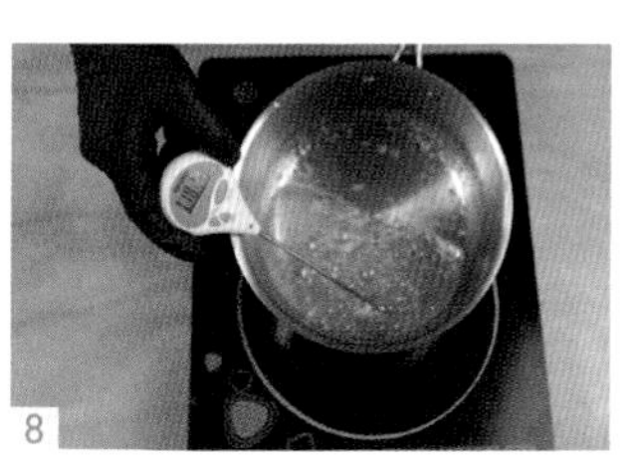

8

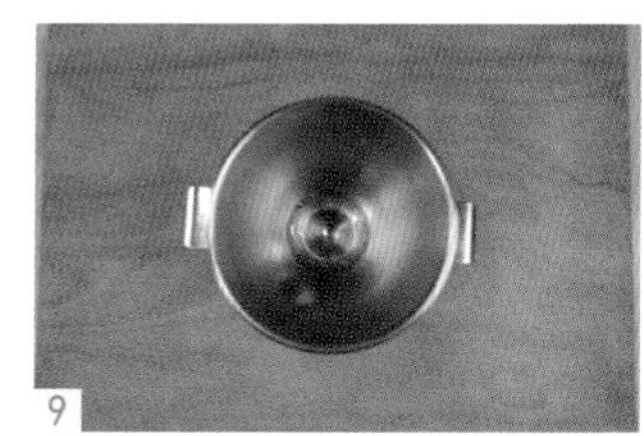

9

10

11

第三步：製作蛋白霜

8 將細砂糖、水倒入奶鍋中煮至118℃。
9 步驟8糖水溫度達到110℃時，將蛋白用電動打蛋器快速打發至乾性發泡。
10 將煮好的糖漿沿著容器邊緣緩慢倒入打發的蛋白霜中，邊攪拌邊倒入。
（高溫的糖漿可以使蛋白燙熟定型。）
11 拌勻後中速攪拌降溫至50℃。

第四步：混合

12 取1/3蛋白霜放入杏仁麵糊中翻拌攪勻。

（翻拌手法須較輕柔，順著一個方向翻拌，可以儘量避免蛋白霜消泡。）

13 倒入剩下的蛋白霜部分拌勻。拌勻後裝入帶有擠花嘴的擠花袋中。

14 均勻擠在矽膠墊上。輕震使其稍微攤平。

（擠的時候由上往下擠至墊上，儘量讓大小一致。）

15 用風扇吹至表面不黏手，定型。

（風乾後的馬卡龍表面形成殼，這樣烘烤時底部邊緣蛋白外溢，從而形成裙邊。）

第五步：烘烤

16 放入烤箱，以上火155℃、下火150℃，烘烤約14分鐘。

第六步：烤後加工

17 待冷卻後，將一半餅乾翻面，底部擠上開心果卡士達餡，中間擠上芒果果醬，再蓋上1片馬卡龍，側面沾黏適量開心果碎。

（密封存放8小時後食用，口感更佳。）

酥皮泡芙

製作數量：9個。

產品介紹：金黃的顏色看上去就是酥脆無比的美味，酥酥的外殼，濃濃的奶香味，裡面還有奶油夾心，又酥脆又香滑，在唇齒之間回味無窮。

掃碼觀看製作視頻

材料

卡士達奶油餡

細砂糖..............30克
雞蛋..................25克
玉米澱粉 20克
牛奶................250克
鮮奶油............150克
椰子酒................3克

泡芙皮

奶油..................60克
中筋麵粉 60克
細砂糖..............20克

泡芙殼

水......................48克
牛奶..................53克
奶油..................48克
細砂糖................2克
食鹽....................3克
中筋麵粉 55克
雞蛋................100克

第一步：製作卡士達奶油餡

1 將細砂糖、雞蛋、玉米澱粉放入容器中攪拌均勻備用。
2 將牛奶倒入奶鍋中加熱至沸騰。
3 把煮沸的牛奶緩慢加入步驟1材料攪拌均勻。
4 倒回奶鍋中小火煮至黏稠狀態。
5 將煮好的卡士達醬倒入容器中，蓋上保鮮膜冷藏降溫備用。
6 將鮮奶油打發。
7 向鮮奶油中加入冷卻好的卡士達醬與椰子酒攪拌均勻，裝入擠花袋中備用。

第二步：製作泡芙皮

8 把泡芙皮所有的材料放入容器中。
9 用手按壓均勻，成團狀。
10 將其放在高溫布或油紙上，表面再蓋1張高溫布或油紙，用擀麵棍將其擀成0.2公分厚，放入冰箱冷凍。

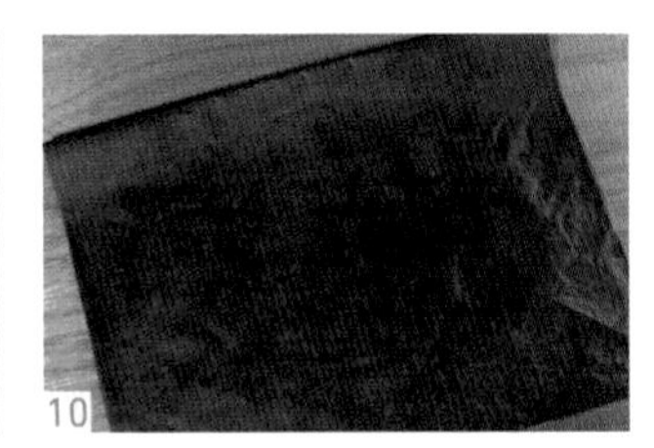

第三步：製作泡芙殼

11 把水、牛奶、奶油、細砂糖、食鹽倒入奶鍋中。

12 加熱至完全沸騰。

13 加入過篩後的中筋麵粉快速攪拌成團。翻炒至底部有1層焦化的麵糊。
（翻炒的目的是將麵糊中的水分儘量炒乾，讓其有能力吸收大量的雞蛋。）

14 倒入攪拌機中，中速攪拌降溫至50℃。
（雞蛋在60℃以上就開始凝固結塊，所以麵糊溫度需控制在50℃左右。）

15 分3到4次加入雞蛋。
（分次加入雞蛋會使麵糊融合更加充分。）

16 最後攪拌至緩慢流動的狀態，即可裝入帶有圓形擠花嘴的擠花袋中。

17 均勻擠在墊有高溫布的烤盤上，每個約35克。

第四步：組合

18 取出冷凍好的泡芙皮，用圓形模具按照擠好的麵糊大小按壓出泡芙皮。

19 將其輕放在麵糊表面即可放入烤箱，以上火190℃、下火190℃，烘烤約25分鐘。

第五步：烘烤

20 烘烤後取出，冷卻備用。

第六步：烤後裝飾

21 從泡芙底部擠入卡士達奶油餡即可。

蘋果酥

製作數量：9個。

產品介紹：蘋果酥是法國傳統點心，又稱蘋果派、蘋果酥包等。口感酥脆，裡面是流心的蘋果果肉，看起來很飽滿，造型花紋獨特，深受大家喜愛。

掃碼觀看製作視頻

材料

炒蘋果
- 奶油……10克
- 蘋果粒……130克
- 紅糖……5克
- 檸檬汁……2克

油酥
- 中筋麵粉……100克
- 奶油……210克

表面裝飾
- 雞蛋液……適量

焦糖燒蘋果
- 炒蘋果……130克
- 奶油……10克
- 紅糖……5克

油皮
- 中筋麵粉……250克
- 食鹽……10克
- 融化的奶油……80克
- 白醋……2克
- 水……105克

第一步：製作炒蘋果

1 將所有炒蘋果食材放入奶鍋中，翻炒至金黃色，取出。

第二步：製作焦糖燒蘋果

2 將奶油、紅糖放入奶鍋炒至金黃色。

3 將步驟2焦糖倒入炒蘋果中。

4 將蘋果倒入料理機中攪拌成泥狀，備用。

第三步：製作油酥

5 所有油酥食材混合均勻。

6 放置於高溫布或油紙上用擀麵棍擀成較長的長方形，放入冰箱冷藏備用。

第四步：製作油皮

7 將所有油皮食材倒入攪拌缸中，慢速攪拌成表面略微光滑的團狀，取出滾圓，蓋上保鮮膜鬆弛10分鐘。

8 鬆弛後擀成油酥大小的1/2。

9 放入冰箱冷藏。

第五步：組合

10 取出油酥，放置於桌面上，將油皮放置於油酥中間。
（做法採用油包皮法，前期可以套用高溫布來擀制。）

11 將油酥完全包裹油皮，包裹後將其擀開。
（擀製時儘量保持低溫，軟了可以放入冰箱冷藏。）

12 折疊成3層，放入冰箱冷藏10分鐘。重複此步驟3次。

13 取出擀成0.5公分厚，用圓形模具印壓。

14 將其放置於矽膠墊上，表面邊緣部分刷上裝飾蛋液。

15 中心擠上適量的蘋果泥。

16 對半折疊，並沿著邊緣稍按壓。

17 塗刷2次蛋液。

第六步：烘烤

18 用刀片劃出花紋，放入烤箱，以上火190℃、下火180℃，烘烤約19分鐘。

拿破崙蛋糕

掃碼觀看製作視頻

製作數量：6個。

產品介紹：拿破崙蛋糕又稱千層酥。金棕色，層次緊密分明的酥皮帶著微鹹不甜的極品奶油香，蛋奶餡柔滑不膩，香草味芬芳四溢。

糖水

細砂糖............100克

水.....................50克

麵酥

奶油................230克

低筋麵粉..........68克

麵皮

高筋麵粉........128克

低筋麵粉........128克

奶油..................30克

食鹽....................9克

水..................130克

烤後加工

糖粉.................. 適量

香草奶餡.......... 適量

堅果.................. 適量

香草奶餡

吉利丁................5克

細砂糖..............23克

蛋黃..................24克

低筋麵粉............3克

玉米澱粉............9克

牛奶................150克

奶油....................5克

香草精.............. 適量

鮮奶油............240克

操作步驟

第一步：製作糖水

1 把所有糖水材料加熱至糖完全溶化，冷卻後裝入噴壺中備用。

（糖水可以讓酥餅表皮光亮，更加酥脆。）

第二步：製作香草奶餡

2 將吉利丁片放入冰水中泡軟備用。

3 將細砂糖、蛋黃倒入容器中拌勻。

4 加入低筋麵粉、玉米澱粉拌勻。

5 將牛奶、奶油、香草精倒入奶鍋中加熱至沸騰。

6 一邊攪拌，一邊將煮好的牛奶緩慢加入調好的麵糊中。

1

2

3

4

5

6

7　倒回奶鍋中繼續小火加熱至黏稠狀。

8　加入軟化好的吉利丁拌勻。蓋上保鮮膜冷卻備用。

9　將鮮奶油打發，加入冷卻好的麵糊中，攪拌均勻即可裝入擠花袋冷藏備用。
（麵糊完全冷卻後才可以加入打發的鮮奶油。）

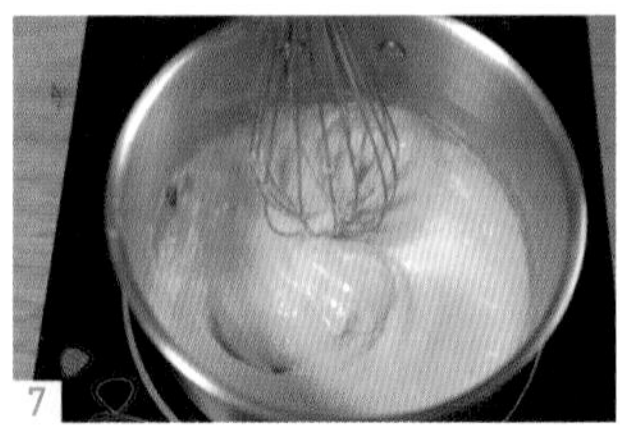
7

8

9-1

9-2

第三步：製作麵酥

10 將奶油、低筋麵粉倒入容器中混合攪拌均勻。

11 放在高溫布或油紙上，用擀麵棍擀成長方形即可放入冰箱冷藏。

第四步：製作麵皮

12 除奶油外，將麵皮所有材料倒入攪拌機中攪拌成團。

13 成團後加入奶油，慢速攪拌至厚膜。

14 取出滾圓，蓋上保鮮膜鬆弛15分鐘。

15 移至案板上，擀至比麵酥大1倍。

10

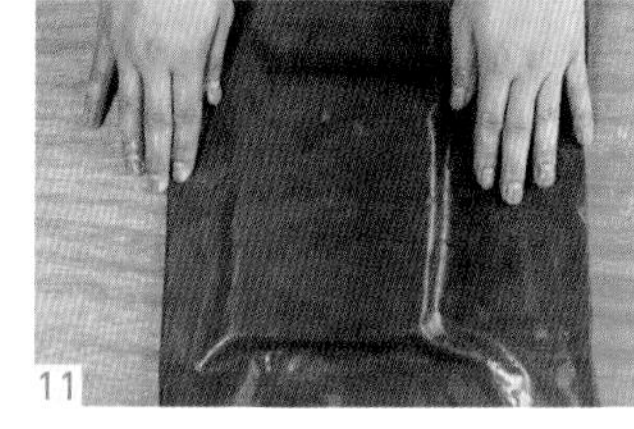
11

12

13

14

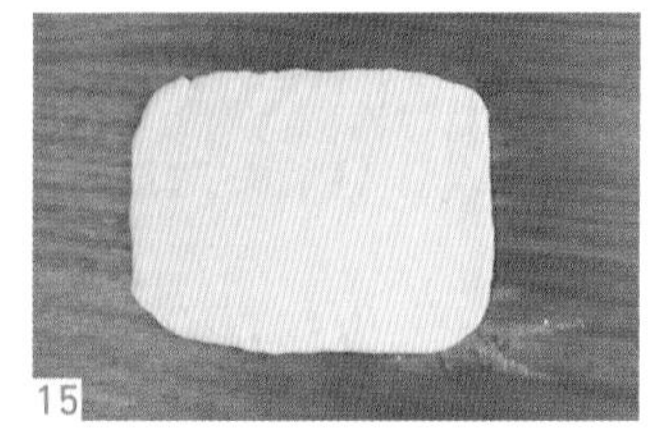
15

第五步：組合

16 取出冷藏好的麵酥置於麵皮中間，將其完全包裹。

17 用擀麵棍將其擀長。

18 將擀好的麵皮折疊成3層。

19 蓋上保鮮膜冷藏鬆弛20分鐘。

（步驟17、18、19重複5遍。）

20 最後擀成0.6公分厚，用叉子在其表面戳孔。

（戳孔可以使酥皮在烘烤時更容易排出水蒸氣，烘烤出來的酥皮更酥脆。）

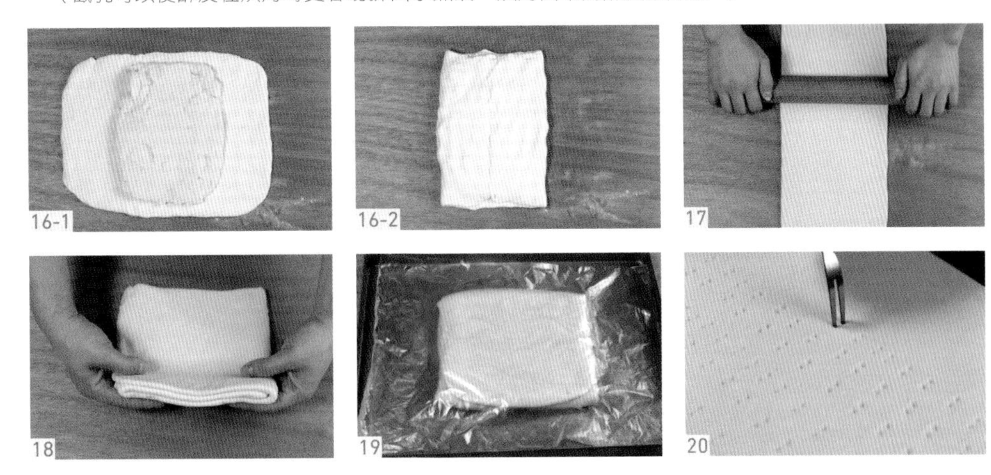
16-1 16-2 17 18 19 20

第六步：烘烤

21 在其表面放1張高溫布，用烤盤壓著烘烤。放入烤箱，以上火180℃、下火160℃，烘烤約40分鐘。

22 烘烤至金黃色後表面噴上糖水，繼續回爐烘烤10分鐘。烤後取出，冷卻。

第七步：烤後加工

23 將冷卻好的酥皮切割成寬5公分、長10公分的長方形。

24 相應擠上2層香草奶提，疊壓。

25 糖粉過篩，擠適量香草奶緹，放上堅果裝飾即可。

21 22 23 24 25

焦糖杏仁堅果塔

掃碼觀看製作視頻

製作數量：4個。

產品介紹：焦糖杏仁堅果塔的塔皮酥到掉渣，加上焦糖包裹著各種堅果，又酥又甜的美妙口感，治癒感十足。

材料

塔皮

- 糖粉……50克
- 食鹽……1克
- 奶油……76克
- 雞蛋……30克
- 低筋麵粉……125克
- 杏仁粉……20克

焦糖醬

- 細砂糖……60克
- 水……10克
- 鮮奶油……60克

內餡

- 杏仁奶油……適量
- 混合堅果……50克

杏仁奶油

- 奶油……100克
- 糖粉……100克
- 雞蛋……100克
- 杏仁粉……100克

表面裝飾

- 焦糖醬……適量
- 椰蓉……適量
- 堅果碎……適量

操作步驟

第一步：製作塔皮

1. 將糖粉、食鹽、奶油放入容器中拌勻。
2. 加入雞蛋拌勻。
3. 加入過篩後的低筋麵粉、杏仁粉拌勻成團狀。
4. 放在高溫布上擀成0.5公分厚，放入冰箱冷藏20分鐘。
5. 取出，按壓出圓餅，放在塔皮鋼圈內向下按壓，用刮刀去除邊緣多餘部分，用竹籤扎洞。
6. 放入烤箱，以上火180℃、下火160℃，烘烤約16分鐘，取出脫模，冷卻備用。

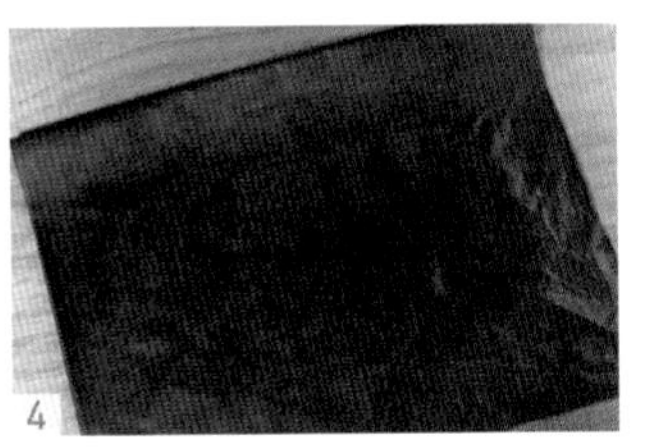

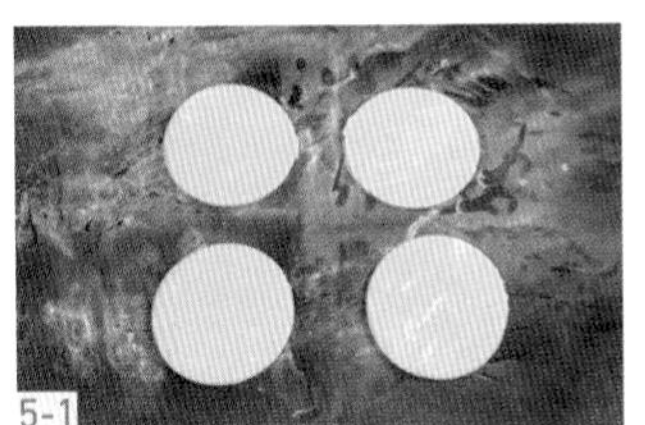

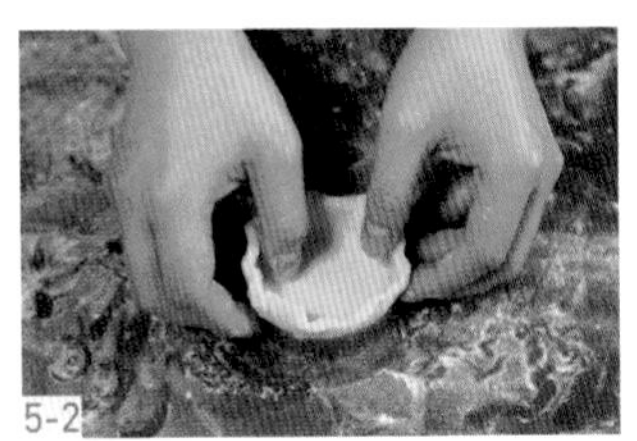

5-3

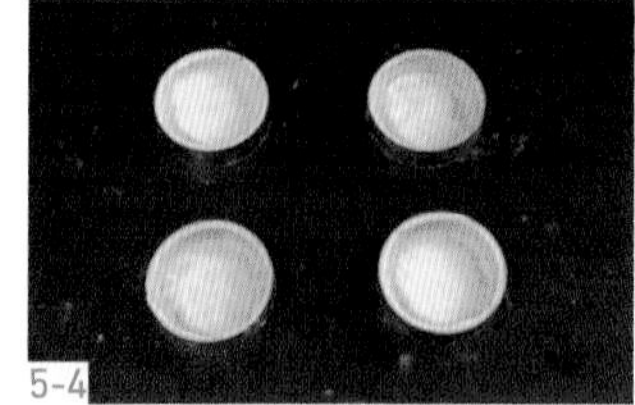
5-4

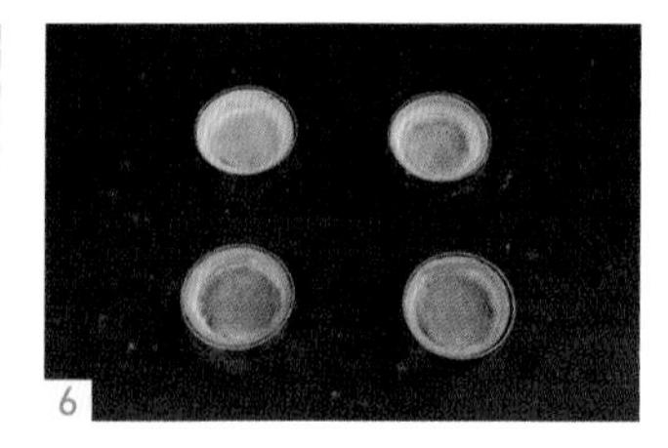
6

第二步：製作杏仁奶油

7 將奶油、糖粉放入容器中攪拌至微微發白。

8 加入雞蛋拌勻。

9 加入杏仁粉拌勻。

7

8

9

第三步：製作焦糖醬

10 將細砂糖、水倒入奶鍋中煮至焦糖色。

11 加入鮮奶油攪拌均勻。

第四步：組合

12 將杏仁奶油擠入冷卻好的塔皮內，抹平表面。

13 放入適量的混合堅果。

14 放入烤箱，以上火180℃、下火160℃，繼續烘烤約10分鐘，取出冷卻。

15 表面抹上焦糖醬，放適量堅果碎，撒上少許椰蓉裝飾。

10

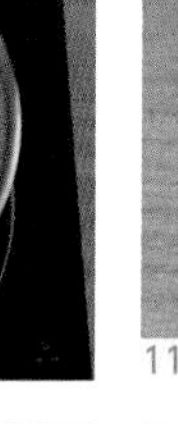

11

12

13

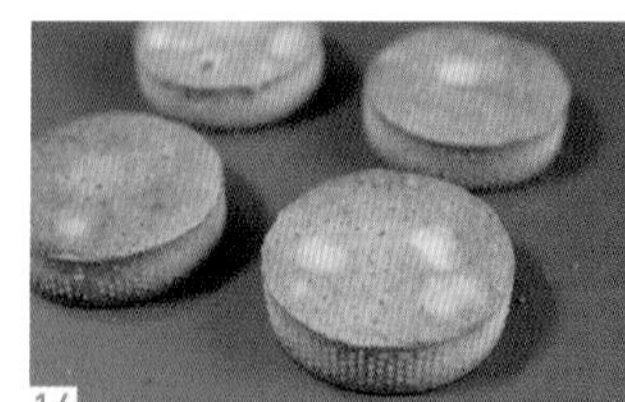
14

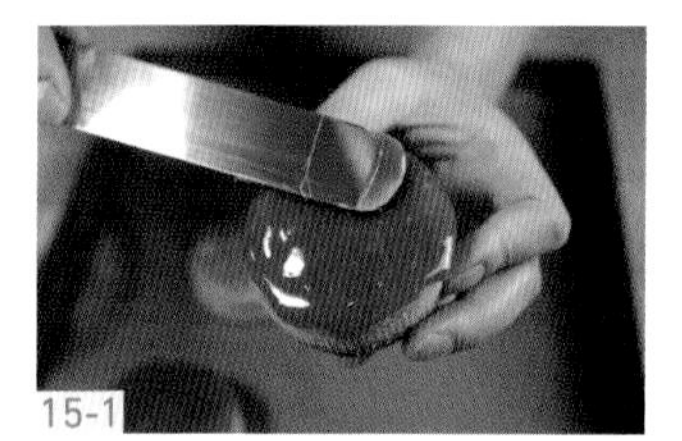
15-1

15-2

伯爵車輪泡芙

- 製作數量：4個。
- 產品介紹：車輪泡芙形狀奇特，圓形表面鋪滿了杏仁片，堅果香味濃郁，配上打發的奶油，口感輕盈綿密，讓人欲罷不能，一口接一口，停不下來。

材料

酥粒

奶油..................30克
細砂糖..............30克
中筋麵粉..........50克

泡芙皮

奶油..................60克
中筋麵粉..........60克
赤砂糖..............30克

伯爵奶油餡

吉利丁.............1.5克
伯爵紅茶............8克
鮮奶油a..........135克
白巧克力..........50克
牛奶巧克力.......20克
細砂糖..............20克
鮮奶油b..........135克

泡芙殼

水...................100克
牛奶................100克
奶油..................88克
赤砂糖................4克
食鹽....................4克
中筋麵粉........108克
雞蛋................196克

表面裝飾

蛋白.................. 適量
堅果.................. 適量
酥粒.................. 適量
伯爵奶油餡........ 適量
糖粉.................. 適量

第一步：製作酥粒

1 將所有酥粒食材混合，用手搓成粒，備用。

第二步：製作泡芙皮

2 把泡芙皮所有的材料放入容器中。用手按壓均勻成團狀。

3 將其放在高溫布或油紙上，表面再蓋1張高溫布或油紙，用擀麵棍將其成0.2公分厚，放入冰箱冷凍。

第三步：製作伯爵奶油餡

4 將吉利丁放入冰水中浸泡至泡軟。

5 伯爵紅茶、鮮奶油a倒入奶鍋中加熱至沸騰，蓋上保鮮膜燜5分鐘。

6 過濾出茶葉，倒回奶鍋中繼續加熱至約70℃，加入巧克力、泡軟的吉利丁拌勻。冷藏10分鐘。

7 取出，加入細砂糖，攪拌至順滑。

8 加入打發後的鮮奶油b，拌勻即可裝入擠花袋。放入冰箱冷藏備用。

第四步：製作泡芙殼

9 把水、牛奶、奶油、赤砂糖、食鹽倒入奶鍋中。加熱至完全沸騰。

10 加入過篩後的中筋麵粉快速攪拌成團。翻炒至底部有1層焦化的麵糊。

（翻炒的目的是將麵糊中的儘量水分炒乾，讓其有能力吸收大量的雞蛋。）

11 倒入攪拌機中，中速攪拌，降溫至50℃。

（雞蛋在60℃以上就開始凝固結塊，所以麵糊溫度需控制在50℃左右。）

12 分3到4次加入雞蛋。

（分次加入雞蛋會使麵糊融合更加充分。）

13 最後攪拌至緩慢流動的狀態即可裝入帶有齒形擠花嘴的擠花袋中。

14 在墊有高溫布的烤盤上擠成直徑約10公分的甜甜圈形。

（可以提前用同等大小的圓形模具底部粘少許麵粉，印在烤盤上，這樣容易擠圓。）

第五步：烤前裝飾

15 取出冷凍好的泡芙皮，用圓形模具按照擠好的麵糊大小按壓出泡芙皮。

16 將其輕放在擠好的泡芙表面。

17 刷1層蛋白，撒上堅果、酥粒。放入烤箱烘烤。

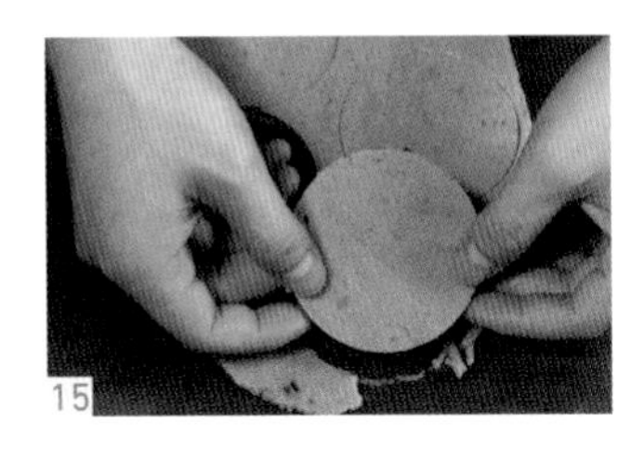
15

16

17

第六步：烘烤

18 放入烤箱，以上火180℃、下火190℃，烘烤約26分鐘後取出，冷卻備用。

第七步：烤後裝飾

19 將冷卻好的泡芙側面對半切開，擠上伯爵奶油餡，放上適量堅果。

20 蓋上切割部分，表面撒適量過篩的糖粉。

18

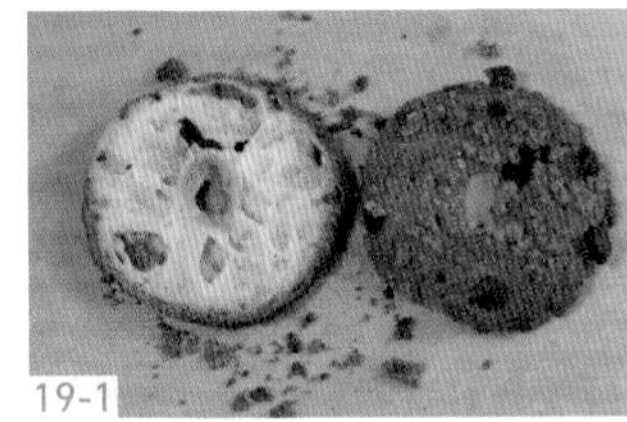
19-1

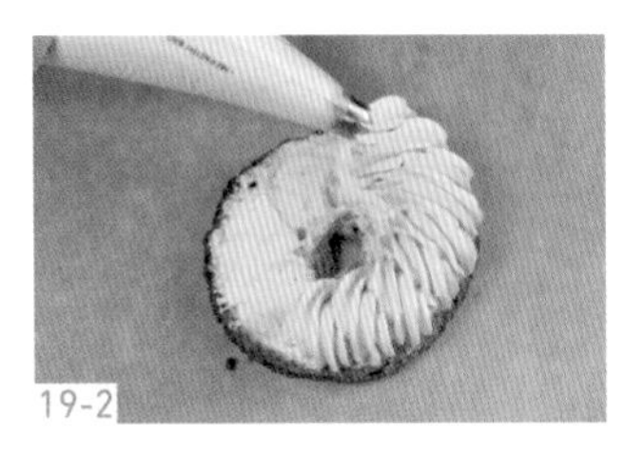
19-2

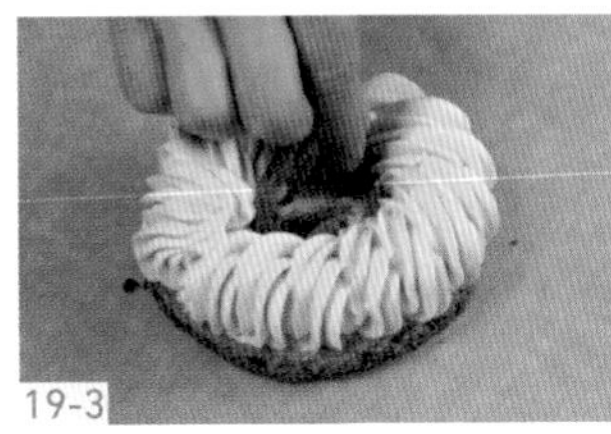
19-3

20

11 PART 中式點心

蜂蜜柚子綠豆糕

製作數量：21個。

產品介紹：綠豆糕是傳統特色糕點之一，屬消暑小食。有鹹甜之分，色澤淺黃，口感細膩，味道純正，綿軟不膩。

材料

脫皮綠豆........500克
牛奶................250克
細砂糖..............10克
奶粉..................80克
奶油..................90克
蜂蜜柚子醬.....150克

第一步：準備工作

1　提前一天將脫皮綠豆泡軟。

（泡水後綠豆更容易煮開。）

1

第二步：製作綠豆糕

2　將泡軟的脫皮綠豆倒入奶鍋中，加入清水煮至軟綿狀態。

3　煮好的綠豆過篩出多餘的水。

（儘量過濾水，這樣綠豆容易煮乾成團。）

4　將牛奶、細砂糖、奶粉、奶油、蜂蜜柚子醬和過篩好的綠豆倒入料理機中打至細膩順滑。

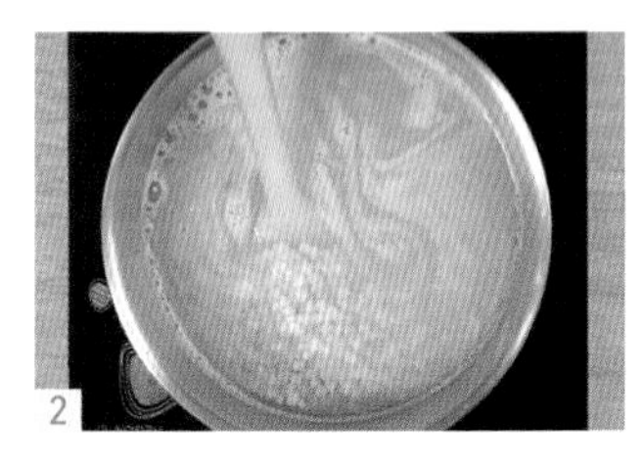
2

3

4

5　將打好的綠豆液倒入奶鍋中小火煮至類似耳垂的軟硬程度。

（太軟容易沾黏，沒口感；太硬吃起來過乾。）

6　將煮好的綠豆取出，分割成50克/個，揉成團，擺放在烤盤上，放入冰箱冷藏1小時。

7　用綠豆糕模具按壓整型。

5-1

5-2

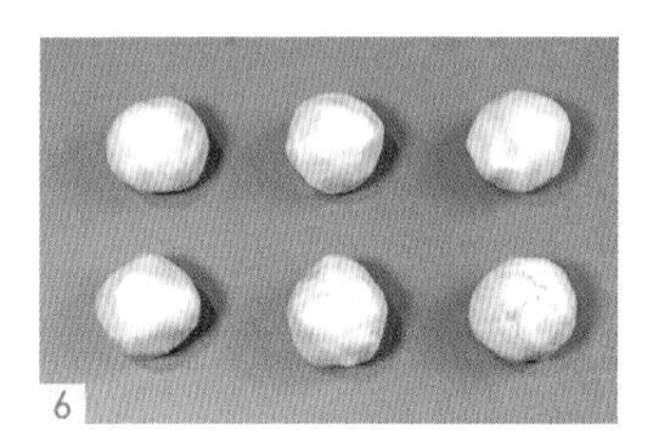
6

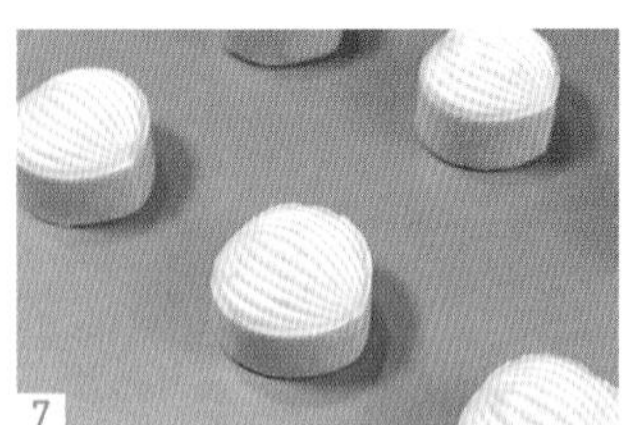
7

核桃酥

製作數量：17個。

產品介紹：核桃酥是著名小吃，原名核桃糕。主要以核桃為原料，其營養價值非常高，口感細膩柔軟，口味滋糯，純甜，突出了核桃的清香。

掃碼觀看製作視頻

材料

核桃酥

奶油............................73克
豬油............................73克
糖粉..........................100克
雞蛋............................25克
低筋麵粉..................250克
臭粉（碳酸氫銨，即膨鬆劑）
......................................2克
食粉（小蘇打複配食鹽，即泡打粉）.........................2克

表面裝飾

黑芝麻..........................適量
蛋黃液..........................適量

操作步驟

第一步：製作核桃酥

1　將奶油、豬油、糖粉放入容器中。用電動打蛋器將其充分攪拌至發白。
（充分攪拌可以讓油脂內充滿空氣，這樣做出來的餅乾比較酥脆。）

2　加入雞蛋繼續攪拌均勻。

3　加入過篩後的低筋麵粉、臭粉、食粉。用手疊壓成團狀即可。
（粉類過篩可以讓食材混合均勻。）

4　將其分割成30克/個，滾圓。

5　放在烤盤上，用手掌稍按扁。

6　用手指在麵團中間按壓出1個凹痕。

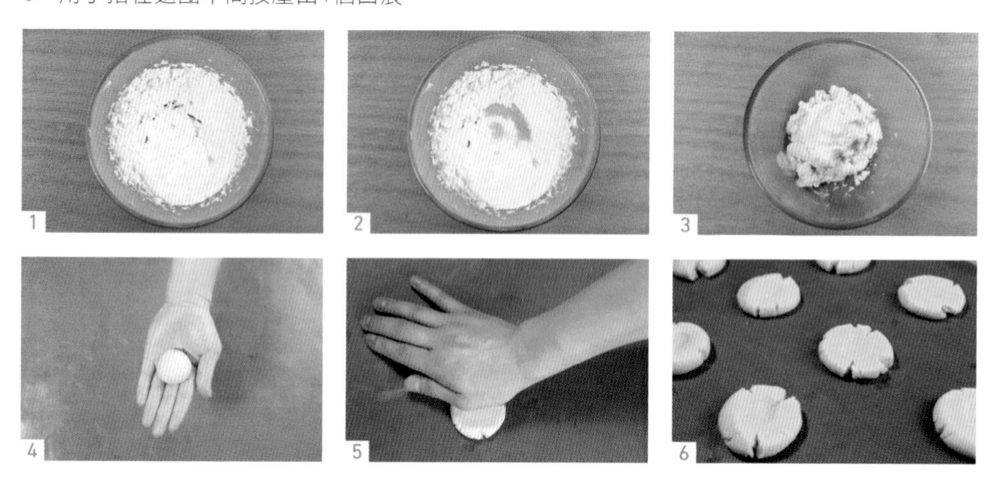

第二步：烤前裝飾

7　在其表面刷上蛋黃液，撒上適量的黑芝麻。

第三步：烘烤

8　放入烤箱，以上火170℃、下火150℃，烘烤約18分鐘，至金黃色。

蛋黃酥

製作數量：14個。

產品介紹：蛋黃酥屬於傳統的中式糕點，純手工製作。色香味俱全，口感層次分明，外皮酥脆濃香，餡料軟和，蛋黃鹹酥，一口咬下去沙沙的，蛋黃還冒油，讓人欲罷不能。

掃碼觀看製作視頻

材料

油酥

豬油..................50克
奶油..................50克
低筋麵粉........200克

內餡

紅豆餡..............適量
鹹蛋黃..............適量
蘭姆酒..............適量

油皮

水......................85克
豬油..................43克
奶油..................43克
低筋麵粉........140克
高筋麵粉..........60克
糖粉..................30克

表面裝飾

蛋黃液..............適量
黑芝麻..............適量

第一步：準備工作

1 將鹹蛋黃表面噴少許蘭姆酒，放入烤箱烘烤6分鐘，至半熟狀態，備用。

第二步：製作油酥

2 將所有油酥食材放入容器中。

3 拌勻至無乾粉麵團備用。

（油酥內含有大量的油脂，攪拌時切勿過度攪拌，避免油脂分離。）

1

2

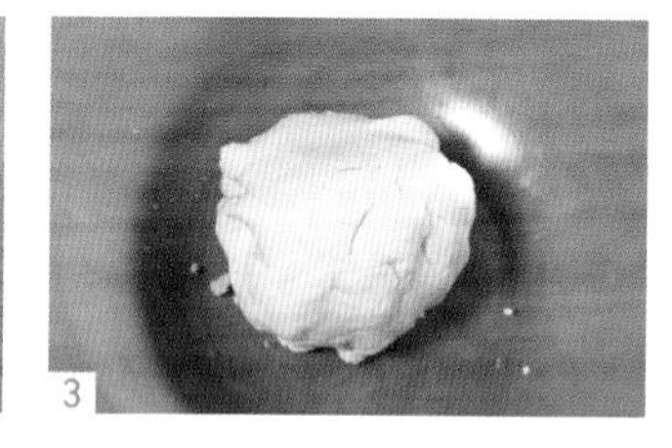
3

第三步：製作油皮

4 將所有油皮食材放入攪拌缸中，中速攪拌至出厚膜即可取出。

5 取出後滾圓，蓋上保鮮膜，鬆弛15分鐘。

第四步：分割

6 將紅豆餡分割成25克/個，油酥分割成13克/個，油皮分割成27克/個。所有食材滾圓成團備用。

（食材容易風乾，須蓋保鮮膜。）

第五步：組合整型

7 紅豆餡包裹1粒烤好的鹹蛋黃備用。

8 將油皮按扁包裹油酥。

9 放置於案板上用擀麵棍將其擀開，捲成較長的圓柱形。蓋上保鮮膜繼續鬆弛5分鐘。

（擀製時可以在案板上適當撒上麵粉或者塗抹沙拉油防黏。）

4

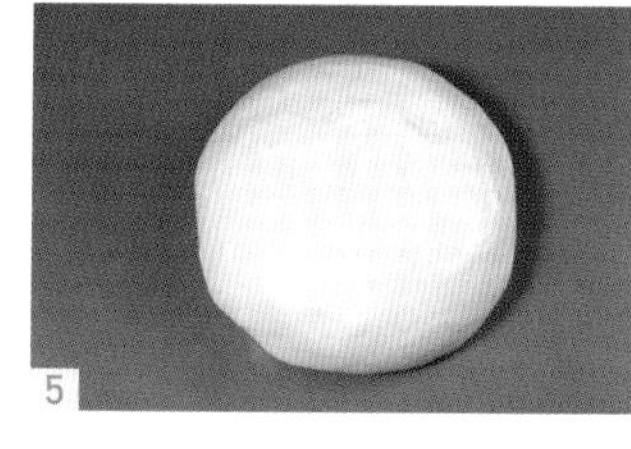
5

6-1

6-2

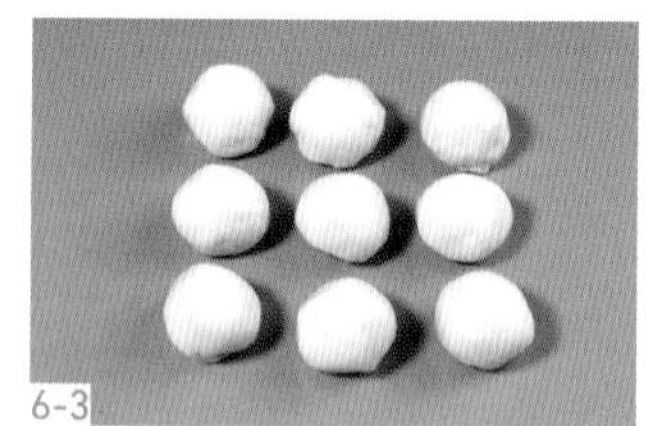
6-3

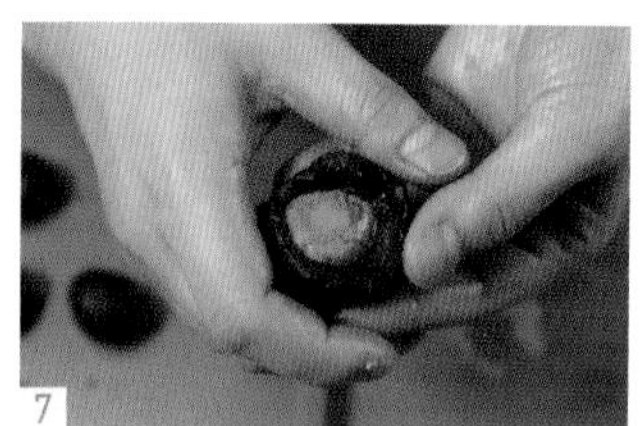
7

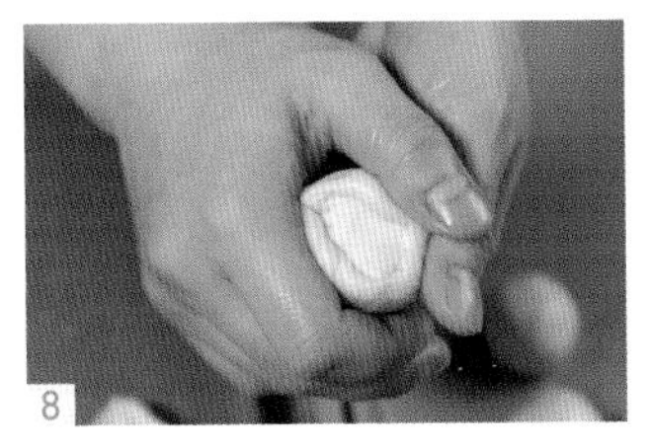
8

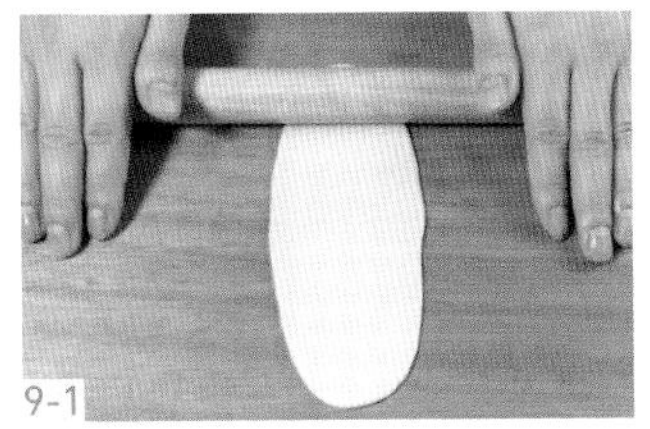
9-1

9-2

10 取出，繼續擀開，捲成較短的圓柱形。蓋上保鮮膜再次鬆弛5分鐘。

11 取出，將其擀薄至巴掌大小。

12 將包裹好的紅豆餡放置於麵團中心，將其完全包裹起來。

（要注意收口黏合程度，避免黏合處裂開，餡料外露，影響外觀。）

第六步：初次烘烤

13 移至烤盤上，放入烤箱，以上火190℃、下火180℃，烘烤8分鐘。

10-1 10-2 11
12-1 12-2 13

第七步：再次烘烤

14 取出冷卻，表面刷2次蛋黃液，撒少許黑芝麻，放入烤箱，以上火190℃、下火180℃，烘烤約13分鐘。

（烘烤後再塗抹蛋液可以縮短蛋液覆蓋時間，讓麵團裡的水分有效的揮發，層次更佳明顯，並避免產生裂紋。）

14-1

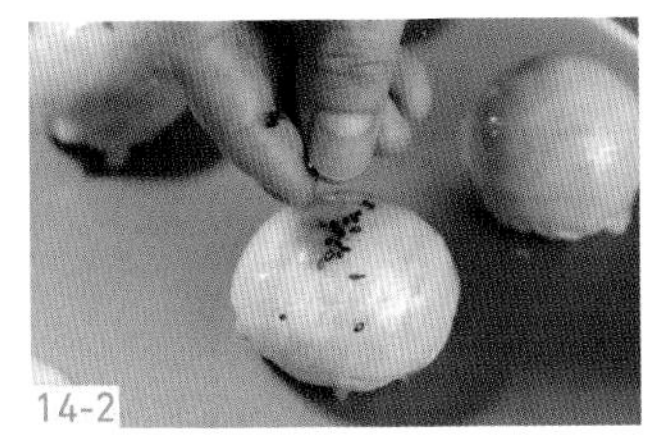
14-2

14-3

脆皮麻糬球

掃碼觀看製作視頻

製作數量：20個。

產品介紹：風靡全球的網紅小吃麻糬球，外形胖嘟嘟的，口感外脆裡彈，酥到掉渣。好吃得停不下來。

材料

木薯澱粉........130克	奶油..................30克	高筋麵粉..........20克
牛奶a................70克	細砂糖..............25克	雞蛋..................50克
牛奶b................70克	食鹽....................1克	

操作步驟

第一步：製作脆皮麻糬球

1 將木薯澱粉、牛奶a放入容器中攪拌至無顆粒，備用。
2 將牛奶b、奶油、細砂糖、食鹽倒入奶鍋中加熱至沸騰。
3 將煮沸的步驟2牛奶液倒入步驟1材料中攪拌均勻。
4 倒回奶鍋，中小火加熱至黏稠。
（注意是小火加熱，避免麵糊糊底。）
5 加入高筋麵粉拌勻後冷卻降溫至50℃備用。
（溫度過高後面加入雞蛋容易燙熟。）
6 加入雞蛋拌勻至半流動狀態。
7 裝入擠花袋中，擠在墊有高溫布的烤盤上。

第二步：烘烤

8 放入烤箱，以上火170℃、下火180℃，烘烤約25分鐘，至金黃色。

老婆餅

掃碼觀看製作視頻

製作數量：15個。

產品介紹：老婆餅是以糖、冬瓜、小麥粉、糕粉、飴糖、芝麻等材料為主要原料製成的一種廣東潮州地區的特色傳統名點。

材料

餡料

熱水……80克
細砂糖……32克
冬瓜糖……16克
椰蓉……12克
糕粉……40克
白芝麻……16克
奶油……16克

油酥

豬油……50克
奶油……50克
低筋麵粉……200克

表面裝飾

白芝麻……適量
蛋黃液……適量

油皮

水……85克
豬油……43克
奶油……43克
低筋麵粉……140克
高筋麵粉……60克
糖粉……30克

第一步：製作餡料

1 除熱水外，所有餡料食材加入容器中。
（白芝麻提前炒熟，做出來的餡料更香。）

2 加入熱水後快速攪拌成團備用。

第二步：製作油酥

3 將所有油酥食材放入容器中。

1

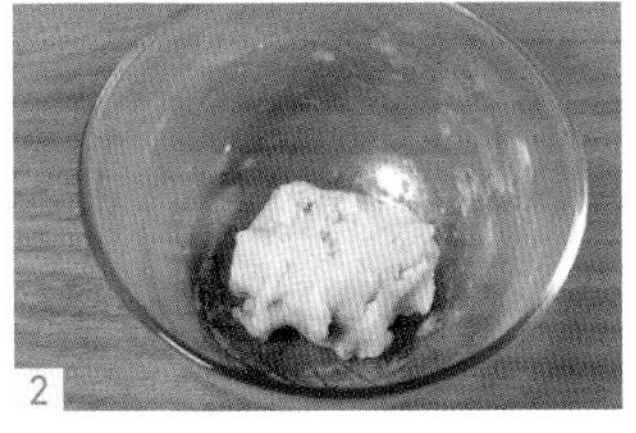

2

3

4 將其拌勻至無乾粉麵團即可。

（油酥內含有大量的油脂，攪拌時切勿過度攪拌，避免油脂分離。）

第三步：製作油皮

5 將所有油皮食材放入攪拌缸中，中速攪拌至厚膜即可取出。

6 取出後滾圓，蓋上保鮮膜，鬆弛15分鐘。

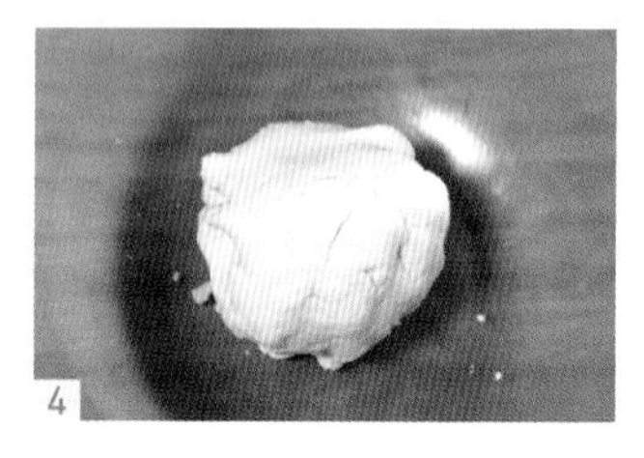
4

5

6

第四步：分割

7 將餡料分割成30克/個，油酥分割成13克/個，油皮分割成27克/個。所有食材滾圓成團備用。

（食材容易風乾，須蓋保鮮膜。）

7-1

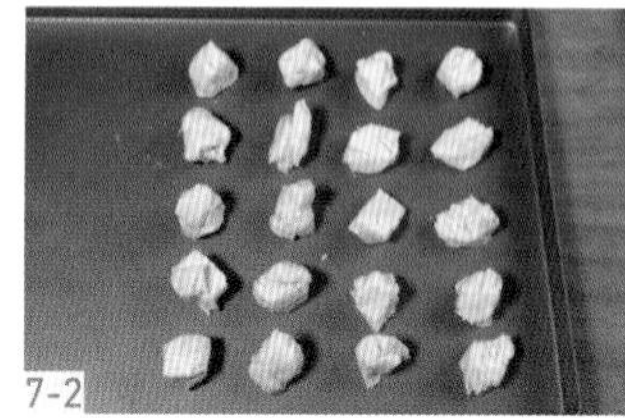
7-2

7-3

第五步：組合整型

8 將油皮按扁包裹油酥。

9 放置於案板上用擀麵棍將其擀開，捲成較長的圓柱形。蓋上保鮮膜繼續鬆弛5分鐘。

（擀製時可以在案板上適當撒上麵粉或者塗抹沙拉油防黏。）

10 取出，繼續擀開，捲成較短的圓柱形。蓋上保鮮膜再次鬆弛5分鐘。

11 取出，將其擀薄至巴掌大小。

12 將分割好的餡料放置於麵團中心，將其完全包裹起來。

13 用擀麵棍輕輕擀成圓餅狀，放置於烤盤上。

（擀時注意力度，過大容易將其撐開，餡料外露。）

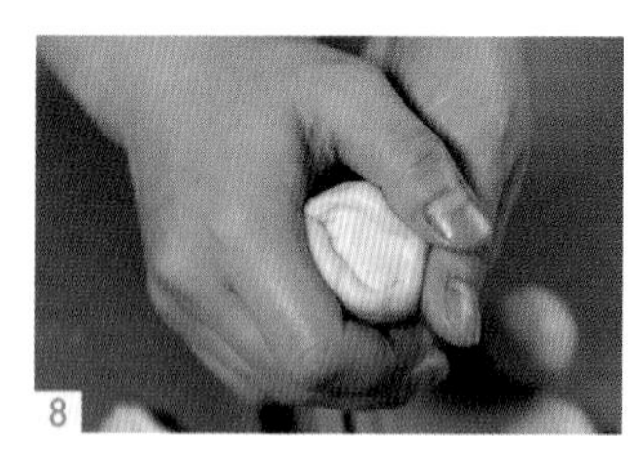
8

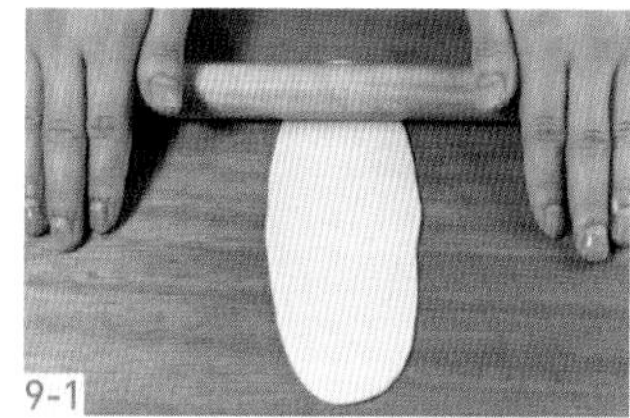
9-1

9-2

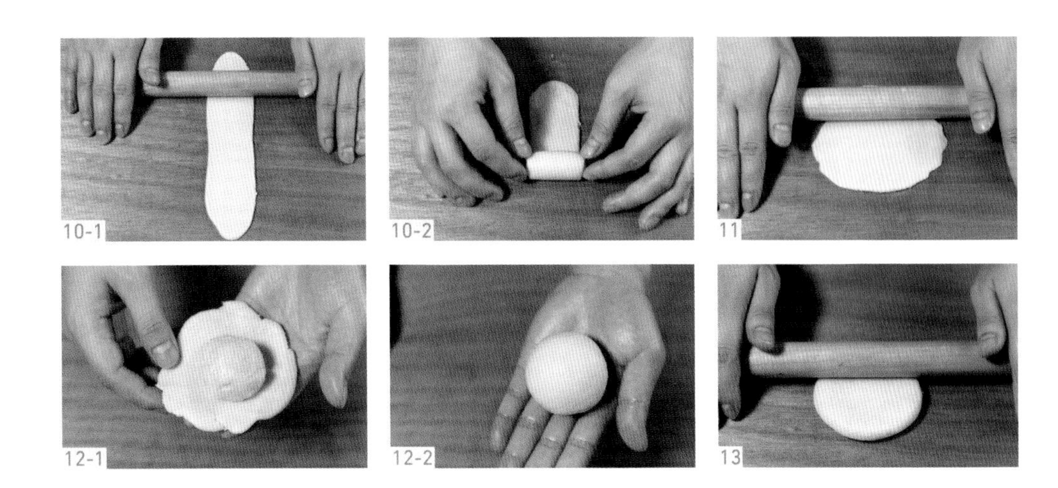

第六步：烤前裝飾

14 表面刷上2次蛋黃液。

（刷完第一次蛋黃液後靜置3分鐘後再次刷蛋黃液，顏色更均勻。）

15 用抹刀在其表面劃上兩刀，撒上白芝麻後即可。

（刀口深度需能看到餡料。）

16 放入烤箱，以上火200℃、下火180℃，烘烤約19分鐘，至金黃色。

海鹽小泡芙

製作數量：15個。

產品介紹：小泡芙是一道麵包奶油製品，金黃色的外觀看起來很有食欲，味道鹹鹹甜甜，中間還夾有奶油，搭配恰到好處。

材料

海鹽奶油

材料	份量
奶油	65克
細砂糖	20克
海鹽	1.5克
鮮奶油	200克

泡芙殼

材料	份量
水	48克
牛奶	53克
奶油	48克
細砂糖	2克
食鹽	3克
中筋麵粉	55克
雞蛋	100克

第一步：製作海鹽奶油

1 將奶油、細砂糖、海鹽倒入容器中，用打蛋器充分攪拌至發白。

2 倒入鮮奶油繼續攪拌均勻，裝入擠花袋中。

第二步：泡芙殼

3 水、牛奶、奶油、細砂糖、食鹽倒入奶鍋中。

1

2

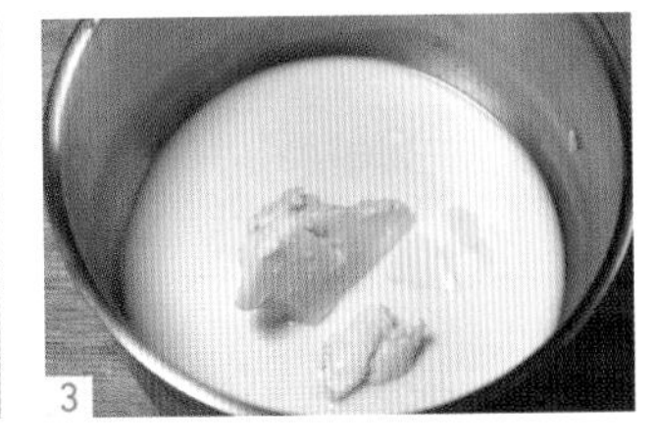
3

4 加熱至完全沸騰。

5 加入過篩後的中筋麵粉快速攪拌成團。

6 倒入攪拌機中，中速攪拌降溫至50℃。

7 分3到4次加入雞蛋。

（分次加入雞蛋會使麵糊融合更加充分。）

8 最後攪拌至緩慢流動的狀態即可裝入帶有圓齒形擠花嘴的擠花袋中。

9 均勻地擠在墊有高溫布的烤盤上，每個約20克。

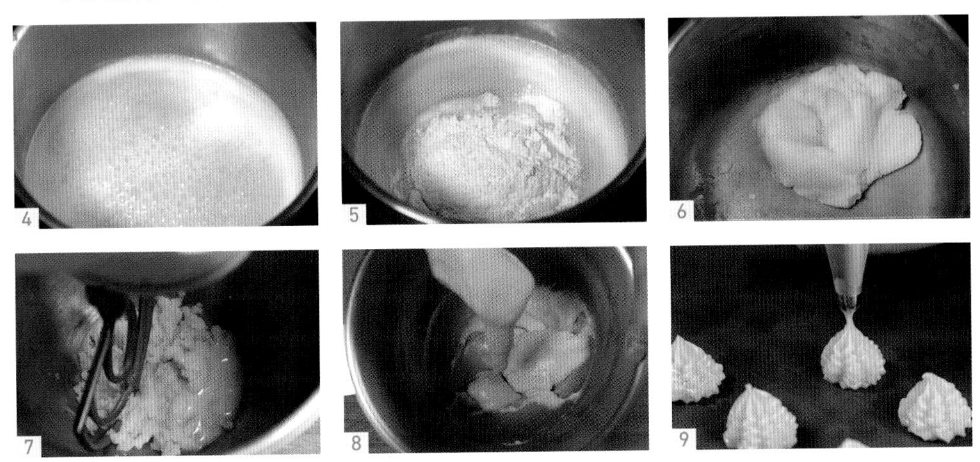
4 5 6 7 8 9

第三步：烘烤

10 放入烤箱，以上火190℃、下火190℃，烘烤約18分鐘。烘烤後取出冷卻備用。

第四步：烤後加工

11 將調好的海鹽奶油從泡芙底部擠入即可。

10

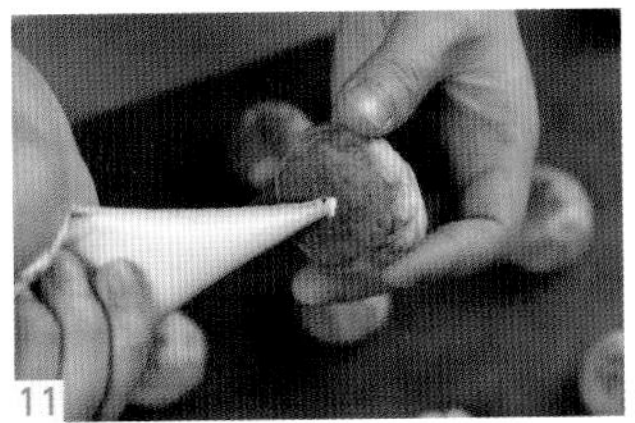
11

香芋麻糬虎皮捲

掃碼觀看製作視頻

製作數量：8個

產品介紹：外形虎皮呈淡黃色，很誘人，有添加肉鬆以及純芋泥，虎皮的蛋奶香比較濃。鹹中帶有微甜，軟糯會拉絲的麻糬虎皮捲，三重感受，老少皆宜。

材料

香芋泥

熟香芋 250克
熟紫薯 100克
煉乳 30克
奶粉 15克
鮮奶油 40克
奶油 15克

虎皮

蛋黃 200克
細砂糖 75克
玉米澱粉 25克
大豆油 30克

表面裝飾

沙拉醬 .... 適量
海苔肉鬆 .... 適量

麻糬

糯米粉 80克
玉米澱粉 2克
牛奶a 50克
牛奶b 100克
煉乳 20克
水 100克

第一步：製作香芋泥

1 提前將香芋、紫薯蒸熟。將蒸熟的紫薯和香芋、煉乳、奶粉、鮮奶油、奶油混合攪拌均勻備用。
（這裡選用的香芋質地比較粉，纖維少。）

第二步：製作麻糬

2 將糯米粉、玉米澱粉、牛奶a、煉乳倒入容器中攪拌均勻備用。
3 將牛奶b、水倒入奶鍋中煮至沸騰。
4 將煮沸的步驟2材料倒入步驟1材料中拌勻，倒入奶鍋中煮至黏稠，裝入擠花袋備用。

1

2

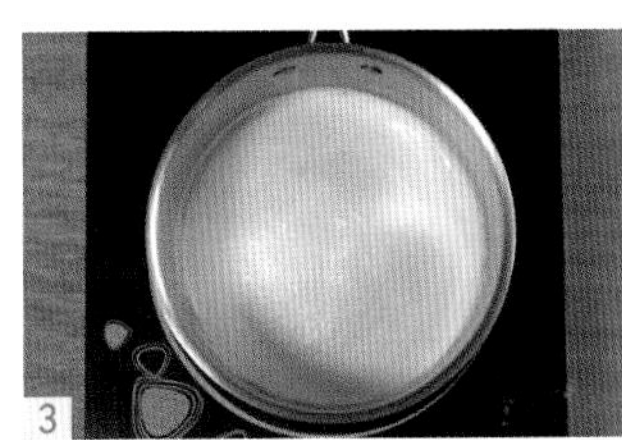
3

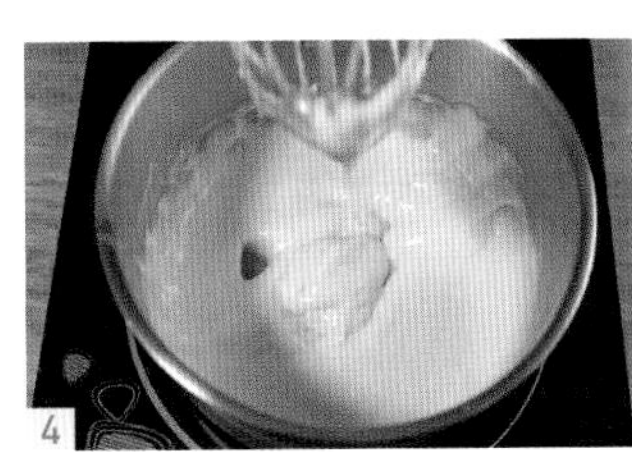
4

第三步：製作虎皮

5 將蛋黃、細砂糖倒入容器中打至發白濃稠，滴落下來5秒內不會融合。
（可以用竹籤來測試攪拌程度，可以立起來說明攪拌充分。）

6 加入玉米澱粉拌勻。

7 邊攪拌邊緩慢加入大豆油拌勻。
（倒入時需緩慢沿著容器邊緣倒入，油脂較重容易沉底。）

8 倒入鋪有油紙的烤盤上，用刮刀刮平整。
（烤盤上可以塗抹油脂來沾黏，這樣油紙不容易脫落、跑位。）

第四步：烘烤

9 放入烤箱，以上火230℃、下火100℃，烘烤約7分鐘，至表面出現虎紋，取出冷卻備用。
（提前預熱好烤箱是烤好虎皮蛋糕的關鍵之一。）

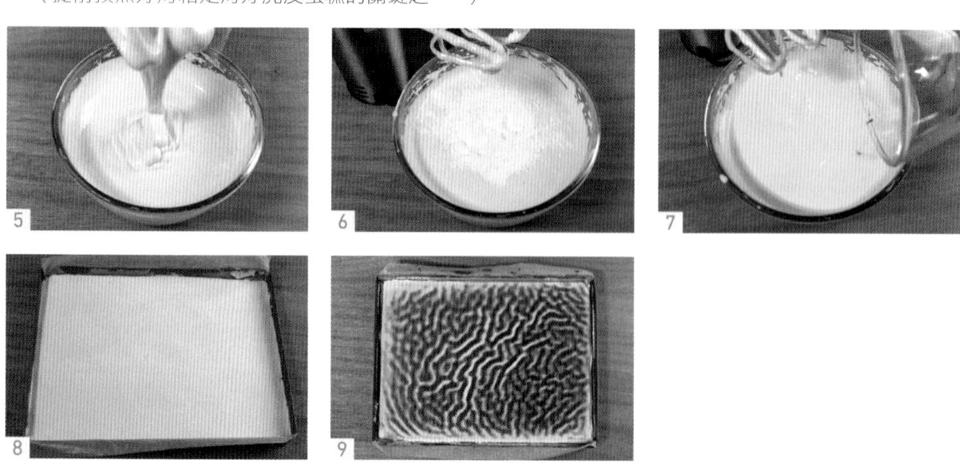

第五步：烤後裝飾

10 將冷卻好的虎皮蛋糕倒扣在墊有油紙的案板上，分割成4份。

11 將香芋泥抹在蛋糕上。

12 將麻糬抹到香芋泥上。

13 將其輕輕捲成圓柱形，定型10分鐘。

14 將定型好的蛋糕切割。

15 切口抹上沙拉醬，黏取適量的海苔肉鬆。

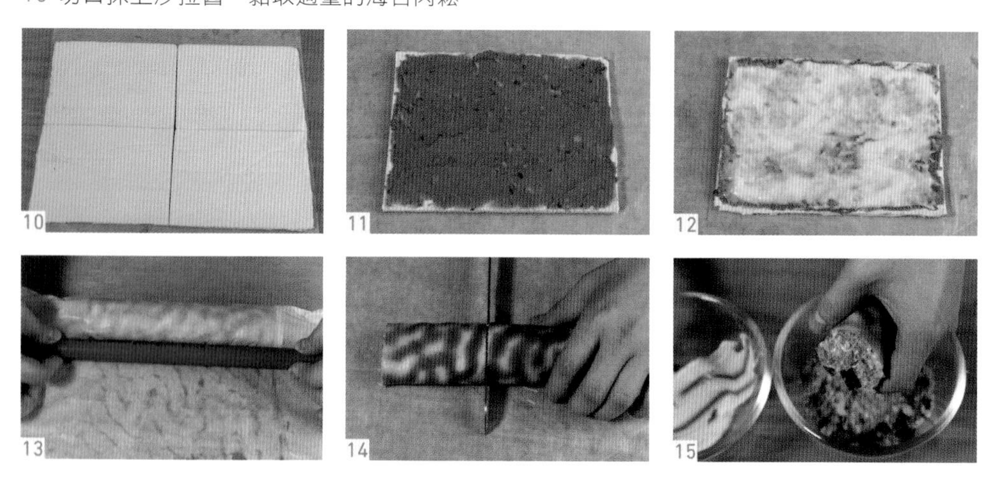

作者簡介

黎國雄

- 熳點教育首席技術官
- 第44、45屆世界技能大賽糖藝西點專案中國專家組長
- 獲「全國技術能手」榮譽稱號
- 廣東省焙烤食品糖製品產業協會粵港澳臺專家委員會執行會長
- 中國烘焙行業人才培育功勳人物
- 全國工商聯烘焙業公會「行業傑出貢獻獎」
- 全國焙烤職業技能競賽裁判員
- 主持發明塑膠模擬蛋糕並獲得國家發明專利
- 主持發明麵包黏土模擬蛋糕

李政偉

- 熳點教育研發總監
- 熳點教育督導部導師
- 國家高級西式麵點師，高級擠花師
- 第二十屆全國焙烤職業技能競賽「維益杯」全國裝飾蛋糕技術比賽廣東賽區一等獎
- 第二十二屆全國焙烤職業技能大賽廣東選拔賽大賽評委
- 2020年華南烘焙藝術表演賽「熳點杯」大賽評委

彭湘茹

- 熳點教育研發主管導師
- 海峽烘焙技術交流研究會第一屆理事會首席榮譽顧問
- 順南食品白豆沙韓式擠花顧問
- 2016年茉兒貝克世界國花齊放翻糖大賽最佳創意獎
- 2016年美國加州開心果·西梅國際烘焙達人大賽金獎
- 2017年「焙易創客」杯中國月餅精英技能大賽個人賽金獎
- 2018年「寶來杯」中國好蛋糕創意達人大賽冠軍
- 2019年美國加州核桃烘焙大師創意大賽（西點組）金獎

魏文浩

- 熳點教育烘焙研發經理
- 國家高級西式麵點師
- 烘焙全能課程實戰專家
- 2018年，跟隨臺灣地區彭賢樞大師學習進修
- 2019年至今，跟隨黎國雄學習擠花、西點、糖藝
- 第二十一屆全國焙烤職業技能大賽廣東賽區中點賽一等獎
- 第二十二屆「維益杯」全國裝飾蛋糕技能比賽西點賽二等獎

王美玲

- 熳點教育西點全能研發導師
- 國家高級西式麵點師
- 擠花全能課程實戰導師，高級韓式擠花師
- 第二十一屆全國焙烤職業技能大賽廣東賽區一等獎
- 第二十二屆全國焙烤職業技能競賽「維益杯」全國裝飾蛋糕技術比賽廣東賽區西點賽一等獎

熳點教育

專注西點烘焙培訓

烘焙｜擠花｜慕斯｜飲品｜咖啡｜翻糖｜法式甜點｜私房烘焙

熳點教育是專注提供西點烘焙培訓的教育平臺，在廣州、深圳、佛山、重慶、東莞、成都、長沙、南京、武漢、南昌、杭州、西安等市開設16所校區，是知名的烘焙教育機構。

憑藉專業的西點烘焙教育，獲得廣東省烘烤食品糖製品產業協會家庭烘焙委員會會長單位、廣東省烘焙食品糖製品產業協會副會長單位、第二十屆全國焙烤職業技能競賽——國家級職業技能競賽指定賽場等行業認證。

熳點教育始終堅持做負責任的教育，由熳點首席技術官黎國雄和中國烘焙大師彭湘茹帶隊研發課程，涵蓋烘焙、擠花、慕斯、咖啡、甜品等多個方向。每年幫助上千名學員成功就業創業。

宇治田潤的法式甜點驚豔配方

192 頁 / 18.2 x 25.7cm / 全彩

裡面添加了什麼？這是什麼香味？想要呈現什麼？
我希望能夠打造入口的瞬間，
大家都能不假思索地直接感受到「美味」的甜點

宇治田式的直感美學
古典・創意・美味 -- 好吃，就是天衣無縫！

法式小蛋糕解剖學

176 頁 / 14.8 x 21cm / 全彩

38 間品味名店
108 道奢華甜品
打造創意無限的素材組合

透過蛋糕剖面，一眼掌握材料組合
精緻的小蛋糕，同時滿足視覺與味蕾的雙重享受
#38 間日本品味名店的獨家機密，詳細步驟和材料表，完全重現

狂熱糕點師的「凝固劑」研究室

144 頁 / 18.2 x 25.7cm / 全彩

點心食譜　X　實驗驗證
為菓痴狂的西點達人４０年實作經驗
想知道吉利丁、洋菜粉、寒天、果膠粉的成功秘訣嗎？
為你一網打盡凝固劑的特性與運用訣竅

如果你喜歡製作慕斯或果凍，那你一定要看！
透過實驗告訴你正確答案！
不管是開店還是自己烘焙都適用！

瑞昇文化
http://www.rising-books.com.tw

瑞昇文化
粉絲頁

瑞昇文化
Instagram

＊書籍定價以書本封底條碼為準＊
購書優惠服務請洽：TEL｜02-2945319
Email｜deepblue@rising-books.com.tw

裱花師 培訓教科書
定價 450 元　18.5x 26 cm　192 頁　彩色

本書介紹裱花蛋糕理論和實踐操作，並配有 QR code 影片演示。內容包括基礎知識、奶油的認識、蛋糕配色、蛋糕抹面方法、蛋糕花邊製作、蛋糕胚製作、蛋糕配件製作、零基礎進階裱花蛋糕製作，其中提供 33 款杯子蛋糕、手繪蛋糕、節日主題蛋糕、水果蛋糕、3D 立體蛋糕、韓式裱花蛋糕等作品供讀者學習。幫助讀者擁有扎實的蛋糕裱花基本知識，零基礎新手也能快速掌握蛋糕裱花的製作技巧；讓更多喜歡裱花、想學裱花的讀者，輕鬆簡單學習蛋糕裱花技能。

TITLE

烘焙師 培訓教科書

STAFF

出版	瑞昇文化事業股份有限公司
主編	黎國雄
創辦人 / 董事長	駱東墻
CEO / 行銷	陳冠偉
總編輯	郭湘齡
文字編輯	張聿雯　徐承義
美術編輯	謝彥如
國際版權	駱念德　張聿雯
排版	洪伊珊
製版	明宏彩色照相製版有限公司
印刷	桂林彩色印刷股份有限公司
法律顧問	立勤國際法律事務所　黃沛聲律師
戶名	瑞昇文化事業股份有限公司
劃撥帳號	19598343
地址	新北市中和區景平路464巷2弄1-4號
電話 / 傳真	(02)2945-3191 / (02)2945-3190
網址	www.rising-books.com.tw
Mail	deepblue@rising-books.com.tw
港澳總經銷	泛華發行代理有限公司
初版日期	2024年5月
定價	NT$550 ／ HK$176

ORIGINAL EDITION STAFF

副主編	李政偉
參編人員	彭湘茹　魏文浩　王美玲

國家圖書館出版品預行編目資料

烘焙師培訓教科書：就業.開店.興趣 一本引導你進入烘焙世界 / 黎國雄主編. -- 初版. -- 新北市：瑞昇文化事業股份有限公司, 2024.05
248面； 18.5x26公分
ISBN 978-986-401-732-4(平裝)
1.CST: 點心食譜

427.16　　113005175